경관 읽어내기
경관 계획하기

경관 읽어내기
경관 계획하기

계획의 기법과 실천 가이드

1판 1쇄 발행 2025년 09월 30일

지은이 | 배현미, 유창균
본문+표지디자인 | 유한회사 두다

발행인 | 김병계
발행처 | 도서출판 보문당
등록일 | 1990년 6월 5일(제1-1066호)
주 소 | 서울시 마포구 토정로 222 한국출판콘텐츠센터 417호
전 화 | 02) 704-7025 **팩 스** | 02) 704-2324
홈페이지 | http://www.bomoondang.co.kr
이메일 | bmdpub@naver.com

ISBN | **978-89-8413-253-5 (93520)**

정 가 | **20,000원**

경관 읽어내기
경관 계획하기

- 계획의 기법과 실천 가이드 -

普文堂

책을 내며

경관이란 우리 주변을 둘러싸고 있는 환경의 모습이다. 일상에서 늘 보고 생활하면서 만나게 되는 공간으로, 우리들이 자주 언급하고 있는 풍경 또는 경치를 의미한다는 생각이다.

그래서,,,,,,,,,

이 책에서는 그저 평범한 경관 이야기를 다루었다.

주변의 경관을 찾아내고 경관의 가치를 읽어내는 방법, 그리고 그렇게 발견해 낸 소중한 경관을 어떻게 지키고 만들어가야 하는가를 살펴보고자 한다.

필자는 2007년 경관법이 제정된 이후 경관 분야에 많은 변화와 발전이 있으리라 기대했었다. 그런데 경관에 대한 대중들의 인식과 평가는 괄목할 만한 변화가 있었다고 생각하나, 경관이라는 전문 분야는 그에는 미치지 못하고 있는 듯하다. 물론 경관법과 경관관련 지침 등이 마련되었고, 환경영향평가에 자연경관심의가 포함되었고, 지자체에서 경관계획이 수립되고 있으며, 경관학회가 생겨나는 등 법적, 제도적, 학문적 지원과 발전이 이루어지고 있기는 하나 실제 적용 측면에서는 아쉬움이 많다.

사실 경관이라는 학문은 하나의 독립된 전문 분야라기보다는 조경, 건축, 토목, 도시계획 등 경관 관련 분야들의 연계, 상생이 필수적인 학문이다. 그래서 경관을 계획하는 작업의 중요성과 역할은 앞으로 점점 더 커질 것 같다.

하지만 아이러니하게도 경관은 하나의 독립된 전문 분야가 아니다 보니 경관을 계획해야 하는 전문가들에게는 더 어렵고 부담스러운 숙제가 되는 것 같다.

본서는 경관 관련 전문가들에게 도움을 줄 목적으로 필자의 28여 년간의 연구와 경험을 바탕으로 작성한 것이다.

경관을 계획하고 관리하는 계획가나 행정가들, 경관계획안을 검토, 심의하는 경관 전문가 모두에게 도움이 되었으면 하는 마음으로 중요한 내용들을 모았다. 그리고 답사를 통해 수집한 자료와 위원회 활동을 통해 터득한 실무경험을 담아 실제 활용할 수 있는 계획 방법을 제시했다.

'경관 읽어내기, 경관 계획하기'라는 책의 제목에는 계획하고자 하는 대상지의 경관을 우선 찾아내고 잘 읽어내어야 경관을 계획할 수 있다는 의미가 담겨있다.

제1장 '경관 읽어내기'에서는 경관을 이해하기 위한 기본적인 개념과 유형을 소개했다. 경관이란 무엇이며, 경관의 성격과 특성 그리고 구성요소 등을 올바르게 읽어내고 이해하여야 경관을 다룰 수 있기 때문이다.

제2장 '경관 계획하기'는 경관계획의 목적과 진행에 관한 것이다. 경관계획을 법적 개념과 필요성 그리고 실제 경관계획의 진행과 분석기법 등에 대해 다루었다. 이 부분은 경관계획 수립 및 경관성 검토 등 실무에 직접적인 적용이 가능한 내용으로, 관련 전문가들에게 도움이 될 것이다.

끝으로 전문 서적은 왜 그렇게 딱딱하고 재미없냐며, 조금은 색다른 방식으로 편집해 보겠다고 어려운 작업을 자청해 주신 유한회사 두다 신은주 대표께 감사와 응원의 마음 전합니다. 그리고 오랜 기간 묵묵히 대학 교재의 제작과 출판에 도움을 주신 도서출판 보문당과 김태우 실장님께 깊은 감사와 고마움을 표합니다.

2025. 09. 저자 대표 배현미

1 PART 경관

01 경관

02 경관의 유형

03 경관 구성요소와 관계디자인

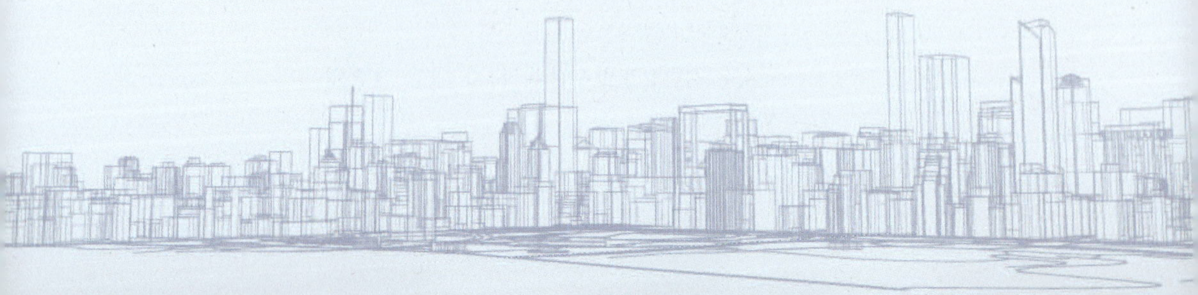

2 PART 경관계획

1
PART

경관

01 경관

02 경관의 유형

03 경관 구성요소와 관계디자인

01

경관

1.1 경관이란 무엇인가?

요즘은 누구나 쉽게 경관이라는 말을 사용한다. 그런데 막상 경관이 무엇이냐 물어보면 우리들이 일상에서 자주 사용하는 단어임에도 불구하고 명확히 설명하기 어려워한다. 그렇다면 경관이란 무엇인지 알아보기로 하자.

2007년 제정된 경관법 제2조를 보면, 경관이란 '자연, 인공요소 및 주민의 생활상 등으로 이루어진 일단의 지역환경적 특징을 나타내는 것'으로 정의되어 있다. 그런데 이 내용을 살펴보면 경관이란 우리가 이미 잘 알고 있었던 주변에서 보고 체험해 왔던 풍경, 경치를 뜻하는 것이며, 법률로 우리의 생활환경이나 자연의 모습들을 주변의 풍경, 풍광 등으로 한계를 지어놓은 것에 불과하다는 사실을 깨닫게 된다.

그렇다면 우리는 지금까지 풍경이라 불러왔던 것들을 왜 굳이 경관으로 바꾸어 표현하고 또 경관법까지 지정하면서 경관을 계획·관리하고자 하는 것일까?

과연 풍경과 경관은 무엇이 어떻게 다른 것인지 궁금해진다.

아래 두 장의 사진은 아름다운 풍경을 찍은 것일까? 아니면 아름다운 경관을 촬영한 것이라 해야 하는 것인지? 양쪽 모두 사용해도 되는지 구별이 잘 안된다.

그래서 경관이란 용어에 대한 학술적 개념이나 법적 정의는 잠시 뒤로 미뤄두기로 하고, 우선 풍경과 경관의 차이에 대해 살펴보기로 하자.

1-1 포트 캠벨(Port Campbell) 국립공원. 호주
1-2 옥스퍼드(Oxford) 상점가. 영국

1.2 풍경과 경관의 차이

우리가 과거부터 현재까지 자주 쓰고 있는 풍경, 경치, 풍광이라는 단어가 있다. 아름다운 풍경, 고향의 경치, 수려한 풍광 등이다. 그런데 언제부터인가 풍경을 경관이라는 표현으로 사용하는 등 바꾸어 말하고 있는 듯하다.

풍경과 경관은 용어의 의미상 작은 차이가 있기는 하나 사람들은 두 단어를 거의 유사한 의미로 사용하고 있으므로 확연하게 구분할 필요는 없다고 생각한다. 우리 머릿속에 떠오르는 이미지로 생각해 보면 말이다. 물론 풍경과 경관의 차이를 설명하는 다양한 관점과 내용이 문헌 등에 소개되고 있기는 하나, 필자는 두 단어 자체에 담겨있는 의미로 그 차이를 살펴보고자 한다.

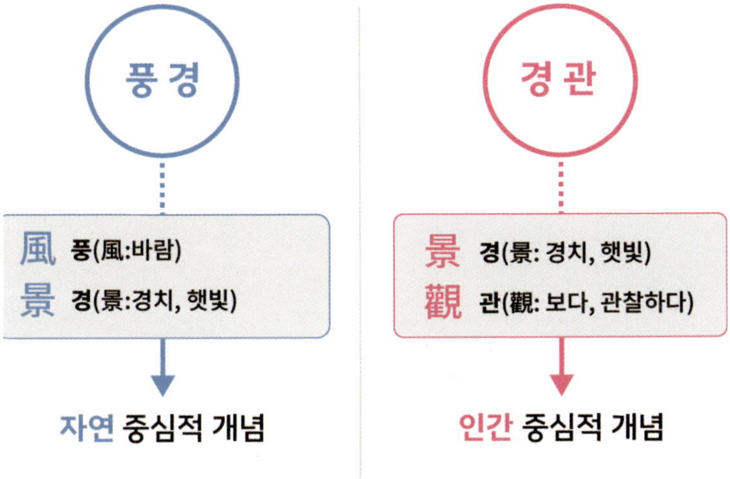

1-3 풍경과 경관의 개념 비교

먼저 『풍경 · 風景』과 『경관 · 景觀』이라는 두 단어의 한국어 한자에 담겨있는 의미를 비교 해보기로 하자.

『풍경 · 風景』이란 풍(風: 바람)과 경(景: 경치, 햇빛)이라는 두 가지 뜻이 합쳐져 있는 단어이다. 즉 한자에 담긴 의미를 잘 살펴보면 풍경은 바람, 경치, 햇빛이라는 자연적 요소만으로 구성되어 있다.

이에 비해 『경관 · 景觀』이란 경(景: 경치, 햇빛)과 관(觀: 보다, 관찰하다, 살펴보다)이라는 뜻으로 구성된 단어로, 『풍경 · 風景』에서 쓰였던 경(景), 즉 경치, 햇빛이라는 같은 의미가 사용되고 있다.

그런데 경관에서는 경치, 햇빛이라는 자연적 요소 외에 바라봄, 관찰이라고 하는 어떤 행위 및 행위 주체가 포함되어 있다는 것을 확인할 수 있다. 즉 경관이란 풍경, 경치를 사람이 바라보거나 살펴본다는 뜻이 담겨있는 용어라는 점에서 확연한 차이가 있다.

따라서 풍경과 경관은 유사한 의미로 쓰이는 듯 보이나 그림 3과 같이 풍경(風景)이 자연중심적 개념이라면, 경관(景觀)은 인간이라는 주체를 중심으로 생각하는 개념이다. 그런 이유로 경관이란 인간이 바라보는 풍경, 경치라 정의 내릴 수 있겠다. 그래서 인간 중심으로 모든 사물을 바라보는 현대인들이 쉽게 받아들이고 자주 사용하는 트렌디한 용어일지도 모르겠다.

결국 우리들이 사용하는 그리고 인식하고 있는 경관이란 '사람들이 눈으로 보고 체험할 수 있는 풍경, 환경'을 의미한다.

그렇다면 인간이 아직 본 적 없는 원초적 환경은 경관이 아니어야 한다. 즉 인간이 한 번도 보지 못한 지구의 환경, 풍경, 경치는 존재하지만, 단 한 번도 보지 못한 경관은 존재할 수 없는 것이다. 그리고 그 원초적 환경을 인간이 발견하고 체험하게 되는 순간 또 하나의 새로운 경관이 탄생되는 것이라 보면 이해하기 쉬울 것이다.

지금 우리들이 접하고 체험할 수 있는 경관(환경)은 긴 시간에 걸쳐 자연 스스로가 만들어낸 것(자연경관)도 있고, 인간이 뚜렷한 목적을 갖고 의도적으로 단기간에 만들어낸 것(인공 · 문화경관)도 있다.

그 다종다양한 환경을 우리 인간들이 일상에서 생활하면서 또는 잠시 방문하여 눈으로 보고 체험하게 되는 환경이 바로 경관이다. 그래서 경관에 대한 해석도, 경관을 다루는 전문영역의 범위도 광범위 해질 수밖에 없을 것이다.

1-4 긴 시간 자연 스스로가 만들어 낸 자연경관
1-5 인간의 목적에 따라 만들어낸 인공경관

02

경관의 유형

경관의 유형은 분류 기준 및 관점에 따라 달라진다. 본서에서는 경관을 계획하는 관점에서 참고가 될 만한 유형에 대해 살펴보기로 한다.

일반적으로 사용되는 경관의 유형분류로는,

① 대상이 보유하고 있는 경관자원의 특성에 근거한 분류 방식과,

② 경관 구성요소와 대상지역의 위치에 따른 분류 방식, 그리고

③ 경관대상을 바라보는 인간의 시점과 대상과의 관계에 착목한 분류 방식이 있다.

2.1 대상이 보유하고 있는 경관자원에 근거한 유형분류

경관법 및 시행령 규정에 따른 경관계획 수립 지침에 제시되어 있는 경관대상이 보유하고 있는 자원 등의 특성에 근거한 분류 방식이다.

경관자원은 자연 경관자원, 산림 경관자원, 농산어촌 경관자원, 시가지 경관자원, 도시기반시설 경관자원, 역사문화 경관자원, 지역 상징 경관자원 등의 유형으로 구분된다.

- 자연 경관자원 : 주요 지형, 산림, 하천, 호수, 해변 등
- 산림 경관자원 : 주요 식생 현황, 보안림, 마을숲 및 보전 대상 산림 등
- 농산어촌 경관자원 : 주요 경작지, 농업시설, 염전, 갯벌, 포구, 취락지, 마을 공동시설 등
- 시가지 경관자원 : 주요 건물 및 시설물, 상징 가로, 광장, 기념물, 주요 주거경관, 상업업무 경관, 공업 경관자원 등
- 도시기반시설 경관자원 : 도로, 철도 등
- 역사문화 경관자원 : 지역 고유의 경관을 나타내는 성곽, 서원, 전통 사찰 등 문화유산과 그 밖의 한옥, 근대건축물, 역사적 문화적 기념물 등

그리고 경관대상이 보유하고 있는 경관자원의 특성에 따라 『산림경관』, 『시가지경관』, 『수변경관』, 『가로경관』, 『농산어촌경관』, 『역사문화경관』 등으로 구분한다.

경관대상이 가지고 있는 특성에 근거한 유형 구분은 관련 문헌, 학자 등에 따라 조금씩 차이가 있으나, 크게 『자연경관』과 『인공경관』으로 나눈다.

임승빈(1991)은 경관을 『자연경관』과 『인공경관』으로 분류하고, 다시 『자연경관』은 산림경관, 평야경관, 해양경관으로, 『인공경관』은 도시경관(가로경관, 택지경관, 교외경관)과 농촌경관(취락경관, 농경지경관)으로 세분화하였다.[1)]

이러한 분류는 이론적인 체계구축에는 매우 유용한 방식이다.

6

7

8

1-6 산림경관 :
장자제(張家界). 중국

1-7 수변경관 :
니스(Nice) 해안. 프랑스

1-8 가로경관 :
프라하(Prague). 체코

1-9 수변경관 :
레겐스브르크 (Regensburg). 독일

9

10

1-10 역사문화경관 :
로마(Rome). 이탈리아

1-11 주거지경관 :
버튼온더워터
(Bourton on the water). 영국

1-12 농촌경관 :
미야마(美山). 일본

1-13 시가지경관 :
두바이(Dubai). 아랍에미리트

11

12

13

2.2 경관 구성요소와 대상지역 위치에 따른 유형분류

기존의 경관유형분류는 대상지의 성격을 파악하는데 유용한 분류 방식이나, 경관 대상지역에서 무언가 예상되는 문제점을 파악하고 계획 방향을 설정하기 위해서는 조금 더 포괄적이고 분석적 관점에서 대상지의 경관유형을 이해할 필요가 있다.

따라서 앞으로 경관관리가 있어야 하는 대상지가 어떤 특성을 갖는 장소인가, 또 어떤 요소로 구성되어 있는가를 인지하고 이해하는 것은 추후 경관계획 및 관리를 위한 작업수행의 기본 단계라 하겠다.

이러한 관점에서 볼 때 경관대상을 『구성요소』와 대상지역이 위치한 『지역』의 관점에서의 판단해 보는 유형 구분은[2)], 계획대상지의 경관특성을 파악하고 계획 및 관리 방향을 설정하는데 매우 쉬운 방식이다.

이 유형 구분에서는 경관의 유형을 표 1과 같이 가로축은 『지역』의 위치에 따라 『도시지역』과 『자연지역』으로 나누고, 세로축은 『구성요소』에 따라 『자연적 경관요소』와 『인공적 경관요소』로 분류하였다.

정리하면 경관대상지가 자연지역에 위치하면서 자연적 요소로 구성된 『순수한 자연경관』, 자연적 요소와 인공적 요소가 혼재되어 있는 『반 자연경관』 그리고 도시지역에 위치하면서 인공적 요소로 구성되어 있는 『인공경관』과 인공적 요소와 자연적 요소가 혼재되어 있는 『반 인공경관』의 네 가지 유형으로 나누었다.

이상 네 가지 경관 유형에 대한 경관 특성과 예상되는 경관 훼손 요인 그리고 경관관리를 위한 방향을 정리하면 다음과 같다.

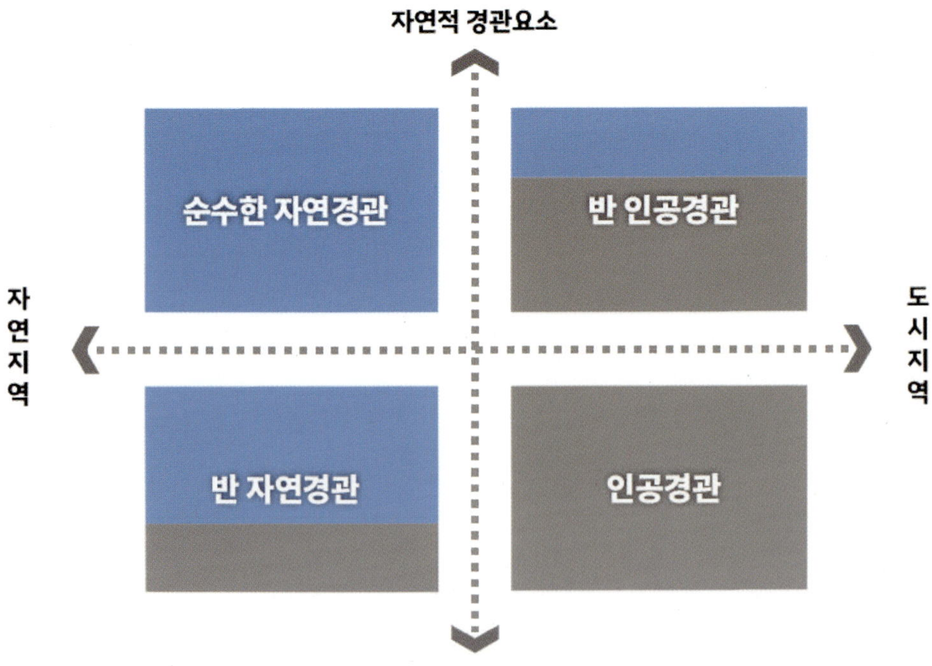

표 1-1. 경관대상의 『구성요소』와 『지역』을 기준으로 한 유형 구분

1) 순수한 자연경관

a. 경관특성

자연지역에 위치하는 경관으로 인공적 요소의 침입이 전혀 없는 순수한 원형의 자연경관을 뜻한다.

대표적 사례로는 산과 강, 바다 등을 포함하고 있는 국립공원 지역이 이에 해당된다. 대부분 국립공원이나 보존지역 등으로 지정되어 있어 개발이 제한되는 등 자연경관 훼손이 제도적으로 금지되어 있는 경우가 대부분이다.

b. 경관훼손 요인

이 지역에서의 경관훼손은 산불, 설해, 홍수 등 자연재해로 인해 발생되는 경우가 대부분이며, 불법 채취, 벌목, 수렵 등도 이에 해당되는 요인이 된다.

1-14 순수한 자연경관 : 요스테달스브린(Jostedalsbreen) 국립공원. 노르웨이

1-15 순수한 자연경관 :
포트 캠벨(Port Campbell) 국립공원, 호주

1-16 순수한 자연경관 :
블루마운틴(Blue Mountains) 국립공원, 호주

1-17 순수한 자연경관 :
브라이스 캐니언(Bryce Canyon) 국립공원, 미국

c. 경관관리 방향

가장 중요한 관리는 순수한 자연경관 지역 내에서 이루어지는 불법 채취, 수렵 등에 대한 지속적이고 강력한 단속이다.

그런데 이 지역에서의 근본적인 경관관리는 산불, 홍수 등 자연재해에 대한 효율적 대처가 중요하며, 병충해 등에 의한 경관훼손에 대해서는 선제적 조치 등 사전 대비가 요구된다.

아울러 자연경관에 영향을 주는 개발사업이 자연지역에서 이루어지는 경우라면 특히 백두대간 단절 등을 침범하는 일이 없도록 사전에 제도적 장치를 마련하여야 한다. 현재 환경부에서 환경영향평가제도를 통해 관리를 하고 있으며, 평가의 주요 검토 항목 중 자연경관에 대한 부분이 포함되어 있다.

18

19

1-18 순수한 자연경관 : 두바이(Dubai) 사막 산악경관. 아랍에미리트

1-19 순수한 자연경관 : 플리트비체(Plitvice lakes) 국립공원. 크로아티아

2) 반 자연경관

a. 경관특성

자연지역에 위치하는 경관으로, 자연적 요소가 주 배경이 되며 이곳에 인공적 요소가 도입되는 경관을 뜻한다.

예를 들면, 자연지역에 도로, 댐, 교량 등 대형 토목구조물이 건설되거나 인공건축물 등이 부분적으로 도입되는 경우가 이에 해당한다.

이 유형은 자연경관훼손이 가장 많이 이루어지는 경관유형으로, 기존 자연 지형의 보전, 구조물의 도입 위치와 규모, 상호배치 관계, 색채 등의 조정을 통한 경관보전 및 적극적인 관리 노력이 요구되는 타입이다.

최근 고속도로 건설, 댐, 신도시, 공업단지 및 관광단지 조성 등 국토개발 진행에 따른 심각한 경관훼손이 예상되는 유형이다.

b. 경관훼손 요인

도로, 교량, 댐 등 대형 토목구조물과 국립공원 인근의 호텔, 콘도 등 대형 건축물 등이 경관훼손의 주요 요인으로 작용하게 되는데, 도입되는 요소의 위치, 규모 및 형태에 따라 훼손 정도가 크게 달라진다.

예를 들어, 특징이 없는 자연경관 지역의 경우라면, 소규모 인공적 요소의 도입은 주목을 끄는 흥미로운 요소로 작용하는 등 긍정적인 효과를 초래할 가능성도 있다. 그러나 그 외의 이질적인 인공구조물 도입이나 도로 건설 등에 의한 공간 분리, 대규모 절개사면 발생 등 토목구조물의 도입은 자연지역 경관의 질을 현격히 저하시키는 원인이 된다.

1-20 반 자연경관 :
외부에서 노출이 어려운 위치에 거대 규모의 후보(Hoover) 댐을 건설. 미국

1-21 반 자연경관 :
메테오라(Meteora) 수도원의 형태와 색채는 주변 경관과 조화를 고려하여 조성. 그리스

20

21

22

1-22 반 자연경관 :
배후림을 고려하여 높이와 형태를 두드러지지 않도록 배려한 테시마(豊島) 미술관. 일본

1-23 반 자연경관 :
주변 자연경관 및 스카이라인을 반영한 디자인의 스톤헨지(Stonehenge) 방문자센터. 영국

23

c. 경관관리 방향

자연지역에 인공구조물이 들어가게 되므로, 경관훼손을 최소화하기 위해서는 적극적인 계획 및 관리가 필요하다. 특히 계획의 초기 단계에서 주변 경관과의 조화 등에 대한 분석과 검토는 필수적인 사항이다. 가장 중요한 계획 포인트는 자연경관 지역에 위치하는 만큼 자연경관의 보존과 상호조화가 중시되어야 하며, 도입되는 인공시설은 자연 속에 맞추어 넣는 형태의 계획, 즉 자연 중심의 계획이 이루어져야 한다는 점이다.

따라서 인공구조물의 도입은 최소한의 규모로 유도하고, 불가피한 시설에 대해서는 자연경관과 조화되는 형태와 색채를 사용하며 절개사면은 최소화하는 등 입지 계획수립 시부터 신중한 검토가 이루어져야 한다.

최근에는 신속하고 친환경적인 사면 처리공법이 새롭게 개발되었다고 뽐내듯이 대규모 절개사면에 적용시키는 사례도 간혹 발견된다. 그러나 이러한 최첨단 기술의 도입보다는 절개사면 자체가 생겨나지 않도록 지형지세를 고려하여 인공시설의 도입 위치를 결정하는 것이 근원적으로 경관훼손을 줄일 수 있는 이상적인 계획관리 방안이 될 것이다.

1-24 반 자연경관 :
프레즈노(Fresno)에 집단 설치된 풍력발전은 새로운 경관을 형성. 미국

1-25 반 자연경관 :
장자제(張家界) 국가삼림공원 내에 설치된 백룡 엘리베이터. 위압 및 이질감이 발생. 중국

3) 반 인공경관

a. 경관특성

도시지역에 위치하는 경관으로, 인공적 요소가 주 배경이 되며 자연적 요소가 부분적으로 자리하는 경관형태를 뜻한다.

예를 들면, 도시지역에 산재해 있는 구릉지, 녹지, 하천 등 자연요소를 포함하는 도시경관이 이에 해당된다.

b. 경관훼손 요인

도시 내에 존재하는 구릉지, 녹지, 하천 등의 자연경관요소가 도시개발 및 확장 등에 의해 훼손되는 경우가 이에 해당된다.

건축물 등 인공구조물에 의한 녹지잠식 및 고층 건물 등에 의한 상대적 왜소화와 시각적 차폐 등이 경관훼손의 주요한 원인이 된다. 아울러 시각적 단절 및 스카이라인의 훼손 등도 중대한 문제 중의 하나이다.

1-26 반 인공경관 : 몬트리올(Montreal) 도심 하천과 녹지를 연계, 인공시설과의 조화 도모. 캐나다

1-27 반 인공경관 :
구릉지의 스카이라인을 보전하는 건축물 배치. 샌프란시스코, 미국

1-28 반 인공경관 :
배후산 녹지 및 스카이라인을 보전하면서 조성된 리조트단지. 모나코(Monaco)

c. 경관관리 방향

도시 내의 자연경관 요소를 보호한다는 차원에서의 관심이 필요하며, 자연 요소의 잠식과 차단 등에 대비하여 녹지공간의 잠식 방지 및 시각적 접근성 확보를 위한 시각회랑 형성 등에 대한 노력도 요구된다.

『반 인공경관』의 경우는 『반 자연경관』과는 달리 도시경관의 관리가 중심이 되어야 한다. 그러나 도시지역이 기보유하고 있는 자연적 경관요소들이 잠식 또는 왜소화되지 않으면서 상호 조화된 경관이 형성될 수 있도록 하는 작업이 경관관리의 포인트가 된다.

아울러 도시지역에서 자연적 요소들이 유기적으로 연결되어 그 본연의 역할을 충실히 수행할 수 있도록 계획하고 관리하는 것도 중요하다.

따라서 『반 인공경관』 지역에서 실제적인 경관관리를 위해서는 재개발 등에 의한 토지이용이나 신축건물에 대한 구체적이고 현실적인 경관계획 및 심의기준을 마련하는 작업이 필요하다.

1-29 반 인공경관 :
건축물에 둘러싸인 런던(London) 도심 내에 조성된 녹지 및 휴게공간. 영국

30

1-30 반 인공경관 :
오클랜드(Auckland) 도심 내에 녹지공간을 확보하여 상호연계성을 부여. 뉴질랜드

1-31 반 인공경관 :
레겐스부르크(Regensburg) 하천 주변의 녹지 등 자연요소 보전 관리가 중요. 독일

31

4) 인공경관

a. 경관특성

도시지역에 형성되는 경관으로, 인공 시설물이 중심이 되며 자연적 경관요소가 거의 없는 경관유형이다.

예를 들면, 시가지 경관 등이 이에 해당되며 가로패턴, 건축물의 형태, 규모, 색채, 간판 등이 주요 경관요소가 되는 경관이 이에 해당된다.

b. 경관훼손 요인

이 유형은 근경으로 조망되는 경우가 많아, 경관체험을 위한 조망점 및 이동 동선의 위치선정 및 공간확보 등에 따라 경관훼손 여부에 미치는 영향이 크다. 따라서 인공경관을 구성하는 구체적인 요소, 즉 가로, 간판, 시설물, 조명, 건축물의 배치, 형태, 색채, 높이 등의 부조화 및 복잡성 등에 의한 경관의 질 저하가 경관훼손의 주요 요인으로 작용한다.

1-32 인공경관 :
색채를 통일시켜 경관관리를 시행한 마하스(Mijas)의 가로경관. 스페인

c. 경관관리 방향

인공적 요소 중심의 경관이므로 도시경관 및 도시설계 차원에서의 관리방안이 요구된다. 따라서 도시경관을 구성하는 경관요소 등을 상호 조화되도록 계획하는 것이 관리 포인트가 된다.

아울러 경관대상지의 장소적 특성을 살리는 통합된 디자인을 만들어내고 도입하는 것이 바람직한 관리 방향이 될 것이다. 그리고 지역별로 장소성을 살릴 수 있는 가로 및 단지경관 형성을 위한 건물의 형태, 색채, 조경, 토지이용 등에 대한 계획 및 구체적 관리 기준을 마련하는 것도 중요하다.

1-33 인공경관 :
흥미로운 간판 디자인으로 독특한 상점가 경관을 만들어낸 런던 캠든(Camden). 영국

1-34 인공경관 :
인접 건물과의 조화를 고려한 시에나(Siena) 캄포(Campo) 광장의 경관관리. 이탈리아

1-35 인공경관 :
밀라노(Milan) 엑스포 행사장은 시설 상호간 경관관리가 중요. 이탈리아

이상에서 살펴본 네 가지 경관유형 중『반 자연경관』과『반 인공경관』의 두 가지 유형은 자연요소와 인공요소가 혼재한다는 점에서 유사해 보이기는 하나, 경관대상이 위치하는 지역이 확연히 다르다는 점을 잊어서는 안 된다.

또 대상경관의 주체가 되는 요소와 비중에 차이가 있다는 사실을 명확히 인식해야만 할 것이다.

다시 한번 정리하자면『반 자연경관』의 경우 도입되는 인공요소는『자연경관』의 보전에 우선하면서 조화를 이루도록 하는 것이 경관관리 및 경관계획의 포인트가 될 것이다.

이에 비해『반 인공경관』의 경우는『인공경관』이 중심이 되어야 하지만, 부분적으로 존재하는 자연요소의 유지 및 연계, 왜소화 방지 그리고 상호조화를 이루도록 하는 것이 경관관리의 주안점이 된다는 것을 잊어서는 안 된다.

예를 들어, 대상지역에 새로운 건축물이 도입되는 경우를 생각해 보자.

『반 자연경관』의 유형에서는 도입건축물의 위치, 규모, 색채 등을 고려하여 기존의 자연경관을 훼손시키지 않도록, 주변 경관과 조화되도록 혹은 잘 눈에 뜨이지 않도록 조성해야만 할 것이다.

그러나『반 인공경관』 유형의 경우에는 관점이 달라져야 한다. 즉 도입건축물은 주변의 도시경관(인공경관) 지역과 조화되는 형태와 규모가 되도록 계획하여야 할 것이며, 기존 녹지 등 자연요소를 잠식, 왜소화, 단절하는 방식이 아닌지를 검토하면 될 것이다.

결국 같은 대상지에 인공건축물이 도입되는 경우라 하더라도 그것이 도입되는 지역, 즉 네 가지 경관유형 중 어디에 해당하느냐에 따라 계획 방향과 훼손요인 그리고 관리 등에 대한 실제적인 내용은 크게 달라진다고 하겠다.

따라서 무조건 도입되는 건축물의 높이를 제한한다던가, 눈에 뜨이지 않는 형태나 색채 사용 등을 요구하는 것은, 대상지역의 경관 특성을 고려하지 못한, 결과적으로는 어디를 가도 동일한 경관계획이나 관리기준이 적용되는 특색이 없는 흥미롭지 못한 경관을 만들어내는 원인이 되기도 하는 것이다.

경관의 유형 구분은 이론적인 정립을 위해 필요한 것이 아니라 실제 경관계획을 수립하는 경우, 계획대상지가 어떠한 지역에 위치하며 어떤 경관 특성을 갖는 유형인지를 파악하고, 그 유형에 적합한 계획원칙을 인식하고 찾아내기 위한 가장 초보적이며 중요한 계획단계라 하겠다.

따라서 경관적으로 문제가 발생할 가능성이 있다고 판단될 때는 최우선으로 경관계획의 대상지가 위의 네 가지 경관유형 중 어디에 해당하는가를 반드시 파악하여야만 한다. 그리고 이 단계는 결코 간과해서는 안 될 기본적이며 핵심적인 과정이라 하겠다.

2.3 시점과 대상과의 상호관계에 의한 유형분류

경관유형을 시점과 대상과의 상호관계에 근거하여 분류하는 방식이다.

시점과 경관대상의 위치 및 공간구성에 따라 만들어지는 특징적인 경관유형을 추출해 보면, 다음의 세 가지를 생각할 수 있다. 『파노라마 경관』, 『위요경관』, 『초점경관』 등이며, 시점과 대상과의 위치 및 구성 등의 관계를 조정하면 공간디자인 계획 시 경관연출기법으로 활용이 가능하다.

이하의 그림 36은 세 가지 유형의 시점과 대상과의 관계 및 공간구조를 도식으로 나타낸 것이다.

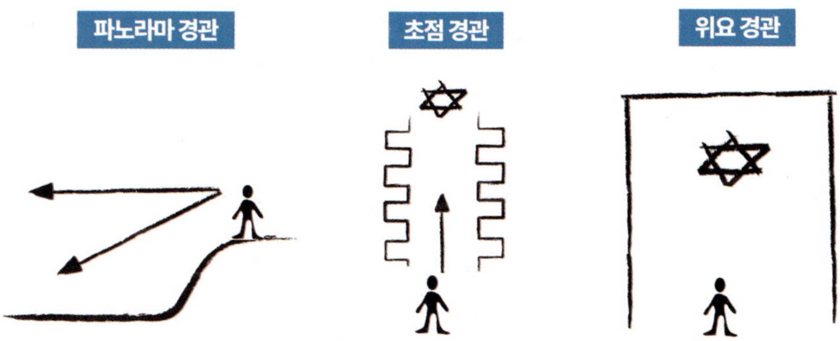

1-36 시점과 경관 대상과의 관계에 의한 유형 분류

1) 파노라마 경관(Panorama Landscape)

경관대상지를 멀리까지 바라볼 수 있는 시야가 확보되는지 아닌지는 경관의 인상을 결정짓는 주요 요소로 작용하게 된다.

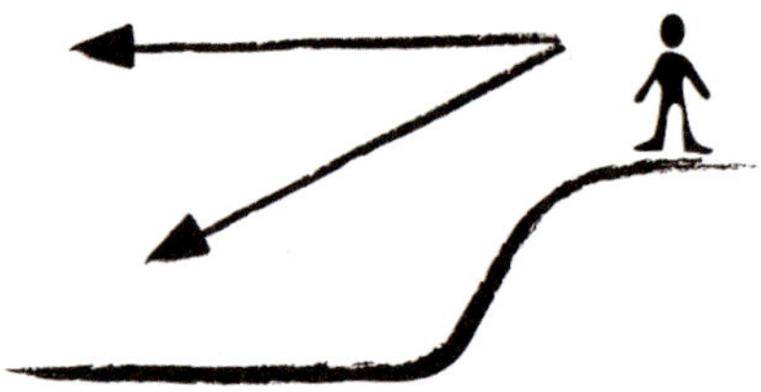

파노라마 경관

이처럼 조망 시야가 제한받지 않고 멀리까지 보이는 경관 체험이 가능하거나, 높은 곳에서 내려다보는 조감 성격의 경관이 만들어지는 유형을 『파노라마 경관』이라 한다.

개방감이 느껴지는 경관이기는 하나, 아늑함이나 프라이버시를 유지하기는 어려운 경관유형이다.

1-37 파노라마 경관 :
포트 캠벨(Port Campbell) 국립공원에서 바다를 조망. 호주

1-38 파노라마 경관 :
노이슈반스타인성에서 퓌센(Fussen) 지역을 내려다본 경관. 독일

1-39 파노라마 경관 :
간푸산(寒風山) 전망대에서 농경지와 해안을 내려다본 조망. 일본

1-40 파노라마 경관 :
베네치아(Venice) 전망탑에서 시가지를 조망. 이탈리아

2) 위요경관(Surrounding Landscape)

위요 경관

중경 혹은 근경역 안에서만 시야가 한정되게 되는, 즉 지형, 시설, 위치 특성 등 주변 여건상 시야가 제한되는 경험을 하게 되는 경관유형을 『위요경관』이라 한다.

『위요경관』이란 둘러싸인 것 같은 인상을 강하게 받는 위요된 느낌을 주는 경관유형으로, 대상공간의 규모 및 구성요소에 따라 안정감 또는 폐쇄감이 나타나게 된다.

일반적으로는 아늑하고 정적인 느낌을 주는 경관유형이다.

1-41 위요경관 :
건축물에 의해 삼면이 둘러싸인 산마르코(San Marco) 광장.
위요감 및 일체감 형성. 이탈리아

1-42 위요경관 :
수목에 의해 형성된 위요공간. 루아르(Loire). 프랑스

1-43 위요경관 :
포트 캠벨(Port Cambel)의 해안 암석지형에 의해 형성된 위요공간. 호주

1-44 위요경관 :
굽은 도로와 인접 건물에 의해 위요감이 발생된 런던(London) 거리. 영국

42

43

44

3) 초점경관(Vista Landscape)

『초점경관』이란 관찰자의 시선이 경관 내의 특정한 지점으로 유도되는 경관유형을 뜻한다.

이 유형은 초점을 향한 시선 및 동선 이동 등의 동적이미지 및 강한 방향성을 부여하고자 하는 경우에 활용되기도 한다.

특히 상징적 요소를 부각시키거나 초점이 되는 장소를 강조시키고자 하는 경우 도입할 수 있는 경관유형이다.

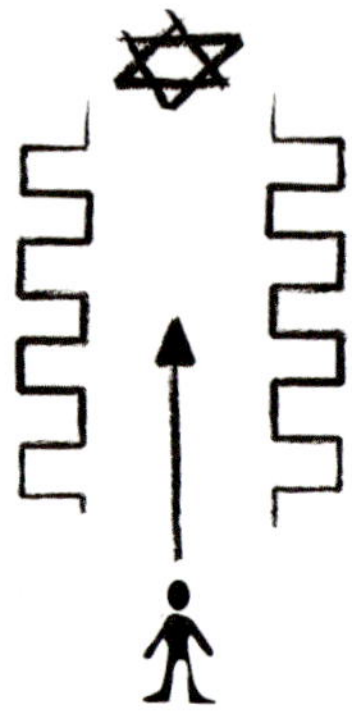

초점 경관

1-45 초점경관 :
두브로브니크(Dubrovnik)의 시계탑과 주변 건축물에 의한 비스타 형성. 크로아티아

1-46 초점경관 :
수목 열식에 의한 방향성 및 비스타가 형성된 앙코르와트(Angkor Wat). 캄보디아

1-47 초점경관 :
파리(Paris) 에펠탑은 초점이 되는 중심축 역할과 방향성을 보유하는 요소로 작용. 프랑스

1-48 초점경관 :
개방된 수공간 너머 워싱턴(Washintan) 기념탑의 존재는 집중 효과를 부여. 미국

03

경관 구성요소와 관계디자인

경관이 아름답다고 느끼게 되는 이유는 사람들이 어떤 장소에서 눈으로 보고 체험한 기억 등에 의한 종합적인 이미지가 좋거나 만족도가 높았기 때문일 것이다.

그렇다면 이처럼 아름다운 이미지를 주는 공간 또는 환경은 어떤 모습이었으며 어떠한 구성을 하고 있었던 것이 있을까? 그것을 한마디로 답하기는 어렵다. 그 이유는 경관이란 사람들이 보고 체험할 수 있는 풍경, 환경이라는 포괄적이고 추상적인 개념이 포함되어 있기 때문이다.

그러나 계획가 입장에서 볼 때 이처럼 애매모호한 판단기준은 문제점을 발견하고, 계획을 세우고, 설계로 이어지는 과정의 수행에는 전혀 도움이 되지 않는다. 그런데 만약 우리가 경관이라는현상을 공학적 측면에서 분석적으로 다루는 것이 가능하다면, 보다 객관적이고 모두가 공감할 수 있는 계획으로 이어질 수 있을 것이다.

이에 본 장에서는 경관을 조작이 가능한 형태로 사고의 관점을 전환하여 보기로 하자. 먼저 경관을 구성하는 요소들을 파악하는 방법을 설명하고, 이어서 경관에 대해 객관적 인식을 얻어내기 위한 논의를 해보기로 하자.

경관의 공학적 분석방법에 대해서 시노하라(篠原 修)가 확립한 이론을 근거로 하되[3] 내용을 일부를 보완 설명한다.

3.1 경관을 구성하는 요소

1) 경관대상의 모델화

경관이란 '사람들이 눈으로 보고 체험할 수 있는 풍경, 환경'이라 정의하나, 조금 더 쉽게 표현하면 '어떤 공간 혹은 환경을 인간이 보고 느끼는 종합적인 이미지'라 할 수 있다.

본서에서는 이 종합적인 이미지를 만들어내고 있는 경관 구성요소들을 각각의 개별 요소로 나누어 생각해 보기로 하자. 그러한 과정을 거치게 되면 종합적인 이미지를 구성하는 요소가 어떠한 것들인지 파악할 수 있을 것이다. 무엇이 좋은 것인지, 무엇이 잘못되었는지, 어떻게 수정해야 하는지 알아내기도, 게다가 다른 사람들에게 설명하고 이해와 공감을 얻어내기도 쉬워질 것이기 때문이다.

이러한 이유로 경관이라는 현상을 모델화한 것이 그림 49의 경관분석모델이다. 이 경관분석모델은 계획(Plan) 및 설계(Design)를 하는 입장에서 경관을 파악하고 분석하기 위한 모델이다. 모델화가 필요한 이유는 경관이란 대중의 공유재산이므로 계획의 객관성 확보와 계획주체 사이에 공통 인식을 만들어내기 위한 실마리를 찾기 위함이다.

경관을 계획 · 설계하기 위한 첫 단계는 어떤 경관을 대상으로 계획할 것인가 그리고 경관 향상을 위해 조작 가능성이 있는 경관 구성요소는 어떤 것들이 있는가를 찾아내는 것이다.

그리고 그 다음 단계는 선택한 대상을 어떻게 다루어야 의도한 효과를 얻어낼 수 있을까를 파악하는 것이다. 그런 까닭에 경관분석모델을 작성하여 이것들을 객관적으로 분석하고 계획에 활용하고자 시도하는 것이다.

그림 49와 같이 경관분석모델은 『시점』, 『시점장』, 『주대상』, 『대상장』의 네 가지 요소로 구성된다. 각 요소들은 담당하고 있는 역할이 중요하나, 또 다른 의의는 네 가지 구성요소들 사이의 관계를 검토하고 조정하는, 즉 요소 간의 관계를 중시한다는 점에 있다.

물론 경관의 질을 규정하는 가장 기본적인 요인은 경관 구성요소 자체에 대한 것이며, 대상의 크기, 형태, 색채, 질감 그리고 대상이 갖고 있는 의미 등을 생각할 수 있다. 그러나 이 경관분석모델에서는 대상 자체가 가지고 있는 속성뿐 아니라, 구성요소 상호 간의 관계 검토를 통해 경관형성에의 활용과 상호조정 등의 작업이 쉽게 이루어질 수 있다는 점에서 모델화의 의미가 매우 크다.

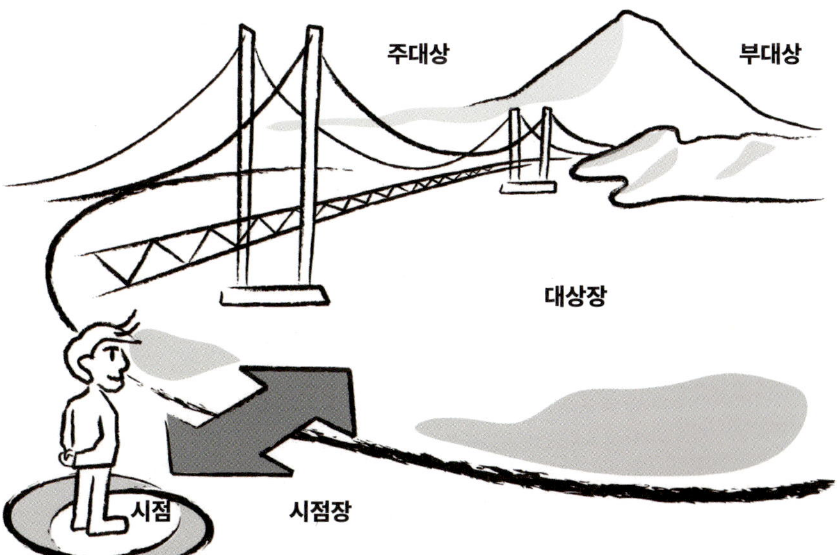

1-49 경관분석모델과 구성요소 (토목경관계획, p28에서 필자가 재작성)

2) 경관 구성요소

경관분석모델에서 제시한 경관을 구성하는 네 가지 요소 『시점』, 『시점장』, 『주대상』, 『대상장』 각각의 역할 및 성격에 대해 살펴보자.

a. 시점 : 視點, View Point

경관이란 '사람들이 눈으로 보고 체험할 수 있는 풍경, 환경'이다. 따라서 대상을 바라보는 인간의 존재 그 자체가 경관의 주요 구성요소가 되는 것이므로 인간의 존재를 『시점』으로 표시한다.

우리가 동일한 대상을 바라보는 경우라도 그것을 어느 위치에서 보느냐에 따라 체험할 수 있는 경관은 크게 다르다. 따라서 『시점』의 위치가 어느 곳인지, 어떠한 상태인지는 경관의 성격을 규정하는 가장 기본적 요인이 된다. 아울러 경관계획 시 경관의 주요 요소인 인간의 존재를 『시점』으로 대신하여 다루는 것이 경관을 객관적이고 분석적으로 다룰 수 있는 가장 실제적인 방법이 되기 때문이다.

우리나라는 예전부터 자연경관을 중시하고 차경 등의 기법으로 배후의 자연을 생활환경의 일부로 끌어들여 사용해 왔으며, 우수한 풍광이 얻어지는 장소에 누정이나 정자를 지어 아름다운 경관을 즐겨왔었다.

결국 우리 선조들은 아름다운 경관이 얻어지는 위치에 정자라는 시설을 이용하여 『시점』을 확보하는 방식으로 생활 속에 경관디자인 작업을 이미 시행해 왔다는 사실을 확인할 수 있다.

b. 주대상 : 主對象, Dominate Object

경관대상지에서 얻을 수 있는 경관의 성격을 규정하거나, 그 외의 대상을 경관적 특히 시각적으로 지배하고 있는 요소를 『주대상』이라 한다.

단, 경관분석모델에서는 건설 행위 등에 의한 경관변화를 쉽게 파악할 수 있도록 『주대상』을 『주대상』과 『부대상』의 두 가지로 나누어 생각하기도 한다. 다만 이차적 영향력을 갖는 『부대상』은 경관대상지에 존재할 수도 그렇지 않을 수도 있다.

· 주대상(Primary Object) : 일차적인 영향력을 갖는 주대상
· 부대상(Secondary Object) : 이차적인 영향력을 갖는 주대상

경관 구성요소로서 『주대상』의 역할과 특징은 다음과 같다.

① 경관의 성격 및 특징은 경관 테마를 통해 파악할 수 있다.

대상경관의 주제가 독립된 산봉우리, 호수, 댐 등 물적대상이 되는 경우와, 그와 달리 실체가 아닌 공간이 되는 경우가 있다. 후자의 예로는 끝없이 펼쳐진 공간의 웅대한 조망이나, 적절히 위요된 광장 등을 들 수 있다.

② 경관에 따라서는 『주대상』이 뚜렷하게 드러나지 않는 경우도 있다. 어디에서나 있을 법한 특징이 없는 평범한 경관인 경우가 이에 해당된다.

③ 『주대상』의 역할에는 긍정적 측면과 부정적 측면 양쪽 모두 존재한다.

c. 시점장 : 視點場, View Point Field, Landscape Setting Here

『시점장』이란 『시점』이 존재하는 위치를 포함한 『시점』 부근의 공간을 의미한다. 그래서 『시점장』의 공간 상태는 『시점』에서 얻어질 수 있는 경관의 질을 결정짓는 주요 요소로 작용하게 된다.

예를 들면, 아름다운 경관이 펼쳐있는 곳이라 하더라도 그것들이 숲이나 건물 등에 가려져 보이지 않는다면 경관적 가치나 의미가 없어지는 경우가 바로 그에 해당된다.

따라서 『시점장』은 바라보이는 경관대상 또는 가시범위 등을 조절할 수 있는 역할을 한다는 점에서 조작 가능성이 대단히 높은 경관 구성요소이다.

『시점장』이 갖는 역할과 공간 범위를 살펴보면 다음과 같다.

① 대표적 『시점장』은 도시경관지역에서는 도로와 그 경계부, 광장, 전망대 등을 들 수 있다. 자연경관지역에서의 대표적 『시점장』은 공원녹지, 호소, 해안, 수변 등이다.

② 『시점장』의 규모 및 공간 범위는 『시점』에서 몇 m까지라고 일률적으로 정하는 것은 불가능하다.

그 이유는 『시점장』의 규모는 경관대상지의 조건이나 상황 등에 따라 달라지기 때문이다. 또한, 『시점장』은 계획대상지의 규모에 따라 위계적으로 다루어지는 경우도 있다. 예를 들면, 공원에 있는 전망대는 거시적으로는 공원부지 전체의 광활한 경관에 대한 『시점장』이라 볼 수 있다. 하지만 미시적으로 보면 공원 산책로나 휴게 광장 그리고 연못이 있는 경우는 수변과 부근에 조망 확보가 가능한 한정된 공간이 『시점장』이 된다고 하겠다.

③『시점장』을 확정 짓는 경계가 늘 존재하는 것은 아니다.

실제로는『시점장』과『대상장』이 연결되어 있는 경관도 다수 존재한다. 끝없이 계속되는 것같이 보이는 초원에 서있을 때의 경관이 바로 이 상황에 해당된다.

이처럼『시점장』은 경관대상을 바라보는『시점』에서 어느 정도 떨어진 거리에 위치하느냐에 따라『시점장: Landscape setting here』과『대상장: Landscape setting there』으로 경계를 구분하는 것이 일반적이다. 다만 경관대상지의 상황에 따라 그 경계가 명확하지 않은 경우도 자주 발견된다.

d. 대상장 : 對象場, Objet Field, Landscape Setting There

『대상장』이란 바라보이는 경관대상 중에서『시점장』과『주대상』을 제외한 나머지 모든 대상 및 공간을 뜻한다. 따라서 경관을 구성하는 요소 중 가장 넓은 면적을 차지하는 것이『대상장』이다.

일반적으로 공간관계를 나타내는 배경과 그림의 원리(Fugure-Ground Principle)라는 관점에서 볼 때,『대상장』이 배경(Ground)의 역할을 한다면『주대상』은 그림(Figure)으로 작용하는 것이라 판단된다.

그리고 우리가 반드시 인지해 두어야 할『대상장』의 중요한 역할은 경관을 구성하는 요소 중『대상장』은 배경(바탕, 地)으로 작용한다는 점이다. 아울러『대상장』은 대상경관의 주역이 되는 요소인 그림(주제, 圖), 즉『주대상』을 부각하기 위한 배경이자 밑바탕 역할을 해야 한다는 사실이다.

3.2 경관의 관계디자인

앞에서 소개한 경관분석모델은 경관을 디자인하는 입장을 강조한 것으로, 학술연구에서 이루어지는 정교한 분석이라기보다는 대상지에서 계획의 방향을 모색하고 그것을 디자인에 활용하기 위해 도입한 기법이다.

그런데 경관분석모델과 우리가 일상에서 촬영하는 경관 사진을 비교해 보면 경관을 구성하는 요소가 서로 다르다는 사실을 확인할 수 있다. 그림 50은 흑산도 산 정상의 도로 전망대에서 바다를 내려다본 모습이며, 그림 51은 함평 나비축제가 열리는 하천변에서 찍은 경관사진이다.

두 사진을 보면 『주대상』과 『대상장』은 쉽게 발견할 수 있다.

섬과 바다에 떠 있는 배들 그리고 나비가 그려있는 산이 『주대상』이며, 그 외의 바탕에 해당하는 바다와 하늘, 육지, 하천과 녹지 등 사진 대부분을 차지하는 부분이 『대상장』이 될 것이다.

그런데 사진을 찍은 장소, 즉 『시점』을 찾아보려 하면 사진 하단부 어디쯤인지는 대충 알 수 있을 것 같기는 하나 아무리 봐도 사진에는 없다.

게다가 『시점장』은 사진에 일부가 포함 되어있는 것 같기도 아닌 것 같기도 하여 그 경계를 파악하기 어렵다. 바로 이러한 점이 경관분석모델과 우리가 찍은 한 장의 경관 사진과의 차이이자 모델화를 시행한 이유이다.

이상에서 비교해본 바와 같이 우리가 실제로 체험하는 경관(경관 사진)에는 그 경관을 바라보는 체험자 자신의 『시점』은 포함되어 있지 않다. 그리고 『시점장』은 포함되는 경우도 있고 그렇지 못한 경우도 있다. 이에 비해 경관파악모델에서는 『시점』이나 『시점장』이 포함되어 있어 경관을 계획하는 요소로 작용한다는 점이 다르다.

1-50 바다와 섬이 내려다보이는 경관. 신안군

1-51 하천에서 축제장을 바라본 경관. 함평군

바꾸어 말하면 계획대상이 되는 경관을 어떤 장소에서 바라보느냐, 즉 『시점』이나 『시점장』의 위치를 어디로 어느 정도의 범위로 정하느냐에 따라 만들어지는 경관은 매우 다양해질 수 있다는 의미이기도 하다.

그런 까닭에 경관분석모델에서 제시한 구성요소 중 『시점』의 위치나 『시점장』의 경계나 상태를 경관계획의 조작 요소로 활용한다면, 동일한 장소에서 우리가 얻어내고 연출할 수 있는 경관은 얼마든지 바뀔 수 있다.

그러므로 경관분석모델에서 제시한 경관 구성요소를 어디에 어떻게 계획하느냐에 따라 동일한 대상지에서 다양한 경관의 형성과 연출 그리고 관리가 가능하다는 의미가 된다. 바로 이러한 차이를 이해하고 경관 구성요소 상호 간 조작 가능성을 인식하는 과정이, 번거롭게 경관분석모델을 작성하여 분석도구로 사용하고자 하는 주요한 이유이자 목적이다.

그러면 이번에는 경관분석모델 각각의 구성요소가 경관디자인에 어떠한 역할을 담당하는지 혹은 할 수 있는지를 살펴보기로 하자.

1) 경관 구성요소의 관계 조작

경관의 구성요소 네 가지 중 경관적 가치를 유지, 증대시키기 위해 조작 가능한 요소로는 『시점』, 『시점장』, 『주대상』을 생각할 수 있다. 물론 경관계획 시에는 실용적 가치와 경관적 가치의 상호 관계로 조작 여부를 결정해야 한다.

『시점』의 선정이나 소규모의 공간인 『시점장』을 디자인을 하는 경우라면, 경관적 가치가 우선되도록 계획하는 것은 비교적 쉽다.

그러나 『주대상』을 조작하거나 경관계획의 대상으로 다룰 때는 『시점』만큼의 조작 효과를 기대하기 어렵다. 일례로 대상지 경관에 지대한 영향을 미치는 산이나 호수, 거대 교량이나 댐 등이 『주대상』이 되는 경우를 들 수 있다.

『주대상』은 경관 전체의 대체적인 질을 규정하는 주요 요소이다. 따라서 『주대상』을 조작하게 되는 경우에는 반드시 경관적 가치의 보호와 창출에 계획의 주안점을 두어야 한다. 이는 우리가 개발계획을 세우고 시행하는 경우에 대상 지역의 랜드마크가 되는 산을 보호한다거나, 거대한 토목시설물을 건설함에 있어 기존 지형지세 등 주변 경관을 배려한 계획안을 만들거나 디자인을 수정 보완하는 작업을 시행하는 것 등이 구체적인 사례라 하겠다.

이에 비해 『대상장』이란 경관의 배경이 되는 곳으로 경관적 역할은 미비하다고 볼 수 있다. 그 이유는 『대상장』이란 인간이 생활을 영위하기 위한 실용적 대상이 대부분을 차지하는 공간이므로 이곳에서 무리한 조작을 기대하기는 어렵기 때문이다. 게다가 『대상장』은 우리가 계획하는 대상 범위에 포함되지 않는 경우가 대부분이라는 현실적인 어려움도 있다.

물론 예외적인 경우도 있다. 『대상장』에서 개발이 이루어지게 되어 기존경관이 크게 변화하리라 예상되는 경우라면, 신도시 개발이나 특정 목적의 단지 재개발 등이 해당, 새롭게 도입되는 해당 시설을 『대상장』이 아니라 『주대상』 또는 『부대상』으로 조정하는 관계 분석과 조작이 이루어져야 할 것이다.

이상의 내용을 정리해 보면 경관디자인 과정에서 조작 가능성이 높은 경관 구성요소는 『시점』, 『시점장』, 『주대상』이다.

앞에서 언급하였으나 경관분석모델에서 제시한 각 요소의 역할과 기능이 매우 중요하나, 경관디자인 관점에서 보면 구성요소 상호 간의 관계를 간과해서는 안 된다. 따라서 『주대상』의 영향력과 『시점』 및 『시점장』 계획의 관계를 살펴보기로 하자.

그림 52는 『시점』에서 『주대상』을 올려다보는 상태, 즉 조망대상이 앙감(仰瞰)의 위치에 존재하는 경우로, 『시점』과 『주대상』의 관계와 공간 영향력 변화를 모식화 한 것이다. 그림을 보면 『주대상』과 『시점』 사이의 거리, 즉 시거리(D)에 따라 상호관계 및 앙감이 변화되는 것을 알 수 있다.

그리고 여기에 제시된 수치는 상용되고 있는 공간계획 이론으로, 구성요소 상호 간의 관계조작을 통한 디자인 작업의 근거로 활용 가능하다.

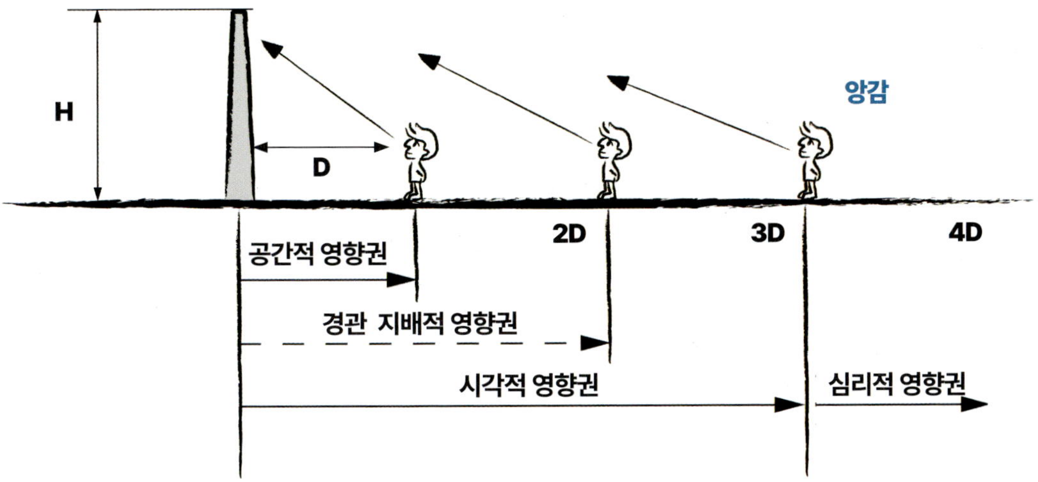

1-52 주대상과 시점의 앙감 관계 (D : 시거리, H : 대상의 높이)

- **공간적 영향권** : 구조물 자체의 존재감 및 시각적 영향이 큰 범위. 구조물 전체에 대한 인식은 불가능하며 부분적인 디테일이 인지되는 한계영역. 친밀감, 숭배감, 압박감이 느껴지는 시거리 영역. 앙각 45°. 위요감 형성. D/H = 1

- **경관 지배적 영향권** : 경관요소로서 주대상이 부각되는 범위. 주대상 전체와 세부가 동시에 조망되는 범위로, 주요 경관 요소로서의 지배감이 강조되는 주체적인 경관형성이 가능한 시거리 영역. 앙각 27°. 위요감의 한계치. D/H = 2

- **시각적 영향권** : 주대상과 주변 경관의 조화가 중시되는 범위. 주대상 외 주변 경관에 주의가 기울여지는 시거리 영역. 회화적 인상의 경관형성이 가능하며, 주대상은 경관 구성요소의 한 부분으로 작용. 앙각 18°. 최소한의 위요감. D/H = 3

- **심리적 영향권** : 구조물의 존재가 인지되는 범위. 주대상이 원경의 일부가 되기 시작하는 시거리 한계영역. 앙각 14° 이하. 위요감 소실. D/H = 4 이상

그림 53은 『시점』에서 『주대상』을 내려다보는 상태, 즉 조망 대상이 부감(俯瞰)의 위치에 존재하는 경우로, 『시점』과 『주대상』의 관계와 공간 영향력 변화를 모식화한 것이다.

이 모식도는 부감(俯瞰)이 형성되는 경관대상지와 『시점』의 위치와 규모 선정 그리고 『대상장』과의 관계 등 부지를 어떻게 다루어야 할 것인가를 이해하는데 도움이 될 것이다. 아울러 『시점』이나 『시점장』을 계획하는 경우, 외부에 존재하는 『주대상』과의 위치 관계를 조정하여 계획지역의 범위나 경계를 파악할 수도 있다.

제시된 수치는 『시점』과 『주대상』 또는 『대상장』 상호관계 검토의 지표로 적용 가능하다. 예를 들어, 높은 위치에서 경관대상지를 내려다보는 경우 관찰자가 특별히 의식하지 않더라도 잘 보이는 아니 보일 수밖에 없는 시야의 범위는 -8°에서 -30°이며, 그 중 -8°에서 -10° 사이는 시각적으로 중심영역에 해당된다.

이러한 지표는 『시점』과의 위치 관계를 고려한 『주대상』의 위치를 선정하거나 『대상장』의 규모나 범위를 계획하는 경우 객관적인 근거로 활용하도록 한다.

부감을 고려한 경관디자인을 생각하는 경우, 시각적으로 중요한 영역은 물론이거니와 그외의 범위 역시 의미를 갖는다는 점을 간과해서는 안 된다.

Dead Space에 해당하는 -45°에서 -90°는 계획대상의 존재 자체가 인식되기 어려운 범위이다. 따라서 Dead Space는 경관요소의 성격에 부합하는 위치 및 배치 범위의 선정 등 선택적 활용이 필요하다. 다시 말해 이러한 범위 내에 기피시설이 도입된다면 경관훼손을 최소화하는 등 긍정적 수용이 가능할 것이다.

부감의 한계치가 활용되는 또 다른 사례로는 전망대의 위치나 규모를 설정하는 경우이다. 조망 각도에 따른 주요 경관요소 및 주변 경관의 가시 여부에 따라 전망대(시점 및 시점장)의 위치나 규모가 결정되게 된다.

그리고 전망대에 올라와 있다는 위치감각과 개방감을 느끼기 위해서는 이용자가 본인의 발밑을 확인할 수 있는 공간구성, 즉 -45° 이하 부감의 존재는 필수조건이 된다.

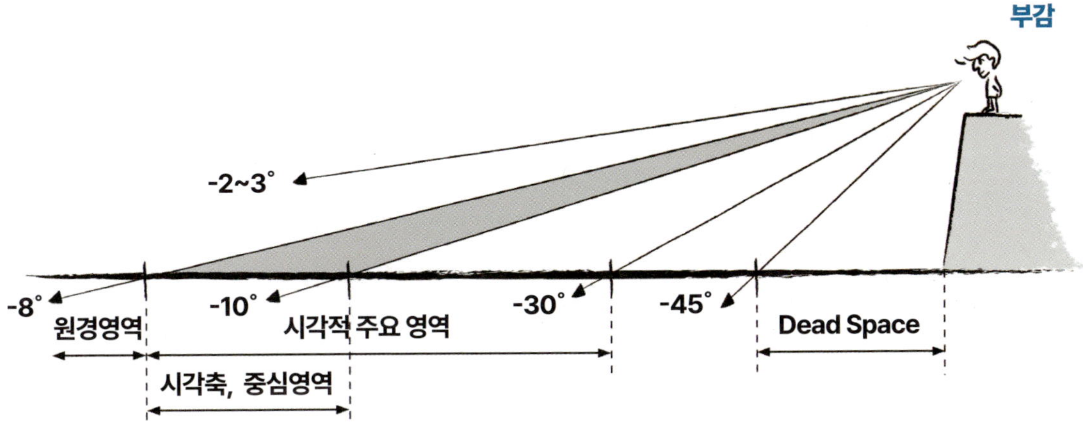

1-53 시점, 시점장과 주대상, 대상장과의 부감 관계

- **원경영역** : 부감의 일반 상한치. 부각 -2°~ -3°.
- **시각적 주요 영역** : 부감의 유효범위로, 자연스럽게 대상이 내려다보이는 범위. 부각 -30°~-8°.
- **중심영역** : 부감의 시각축이 되는 중요 범위로, 조망 대상으로의 시선이 집중되는 중심범위. 부각 -8°~-10°.
- **Dead Space** : 시야의 사각(死角)지대. 의도를 갖고 보아야 조망가능한 범위. 부감의 최대 하한치. 부각 -45°이상.

2) 경관의 관계디자인

경관디자인은,

① 경관 구성요소 관계 조작에 의한 경관디자인과

② 대상의 개변(改變, Change)에 의한 경관디자인을 생각할 수 있다.

그런데 ②의 경관디자인 개념은 우리가 알고 있는 기존의 디자인 개념과 크게 다르지 않다. 다만 여기서 굳이 언급하는 이유는 경관디자인의 진행 순서는 ①을 통해 경관디자인의 방향과 범위가 설정된 후, ②의 작업이 이루어져야 한다는 점을 강조하기 위해서이다.

물론 경관디자인이 갖는 실제적이자 고유한 특성은 ①의 관계조작에 의한 경관디자인에 있다. 왜냐하면 경관이란 인간의 시각을 매개로 하는 포괄적 현상이기 때문에, 바라보이는 대상과 시점과의 관계 또는 보이는 대상 상호 간의 관계를 디자인 과정에서 수용하고 활용한다면 대상 자체를 변화시키지 않으면서도 경관디자인이 가능하기 때문이다.

예를 들면, 양호한 조망이 확보되는 『시점』을 선정하는 것, 『시점장』의 경계를 교묘하게 조작하는 것, 서로 다른 『주대상』에 이미지를 부여하여 상호 연관된 대상으로 만드는 방법 등이 대표적인 관계디자인에 해당된다.

그리고 이상의 상황은 대상의 개변에 의한 경관디자인을 하는 ②의 단계에서 제약 및 전제조건으로 작용하게 된다. 대상지에서 기존의 경관가치를 유지하거나 경관훼손 발생을 사전에 막기 위한 목적으로 개발 위치나 규모, 구조물 디자인이 규제받게 되는 것 등이 이에 해당되는 내용이다.

우리가 지향해야 할 경관디자인이란 눈에 보이는 사물 그 자체에 대한 디자인이 아니므로, ①을 제외한 상태로 ②의 디자인 행위가 이루어져서는 안 되는 것이 경관디자인이라는 점을 재차 강조하고 싶다.

그렇다면 이제 경관 구성요소의 관계디자인에 대해 살펴보기로 하자.

a. 『시점』과 『주대상』의 관계디자인

경관을 구성하는 요소 상호 간의 관계디자인에서는 『시점』과 『주대상』의 거리, 즉 시거리(視距離, 시점과 주대상 사이의 거리), 방향 그리고 상하관계 등이 디자인 포인트가 된다.

그래서 이들의 관계에 따라 『시점』과 『주대상』의 위치를 정하거나 의도적으로 조정되기도 하는데, 이를 관계디자인이라 하며 이를 도식으로 나타낸 것이 그림 54이다.

『시점』과 『주대상』의 관계디자인을 통해 경관 대상과의 일체감 또는 격리감, 긴장감 등을 부여하는 것도 가능하다. 그리고 보이는 모습 및 조망점과 대상과의 상하관계에 따라 우월성이 부여되거나 소멸되는 관계가 만들어지기도 한다.

예를 들면, 대상을 올려다보는 앙감(仰瞰)이 만들어지게 되면 『주대상』에 우월성이 부여된다. 따라서 『시점』과의 관계에서 보면 『주대상』은 위압감, 숭배감 등의 이미지를 느끼게 하는 『신앙형 관계』가 형성되는 결과가 도출된다.

그러나 반대로 『시점』이 높은 곳에 위치하게 되면 『주대상』을 내려다보는 부감(俯瞰)이 생겨나므로, 지배적인 조망감, 개방감 등 『전망형 관계』를 연출해 내는 효과를 얻을 수 있다.

이와는 달리 『풍경형』은 우리가 일상에서 자주 접하는 유형이다. 『시점』이 『주대상』과 어느 정도의 거리를 두고 조망되거나 이동하면서 『주대상』을 지나치게 되는 경우가 이에 해당된다.

『풍경형 관계』에서는 『주대상』을 바라보는 『시점』의 위치와 『주대상』으로 접근하는 동선의 형태, 방향, 시거리 선정 등에 따라 대상공간의 이미지 및 경관구성이 확연히 달라진다.

따라서 『풍경형』의 경우 조작 가능성이 높은 『시점』과 『주대상』과의 관계디자인을 통해 특색있는 경관을 만들어내는 행위가 얼마든지 가능하다.

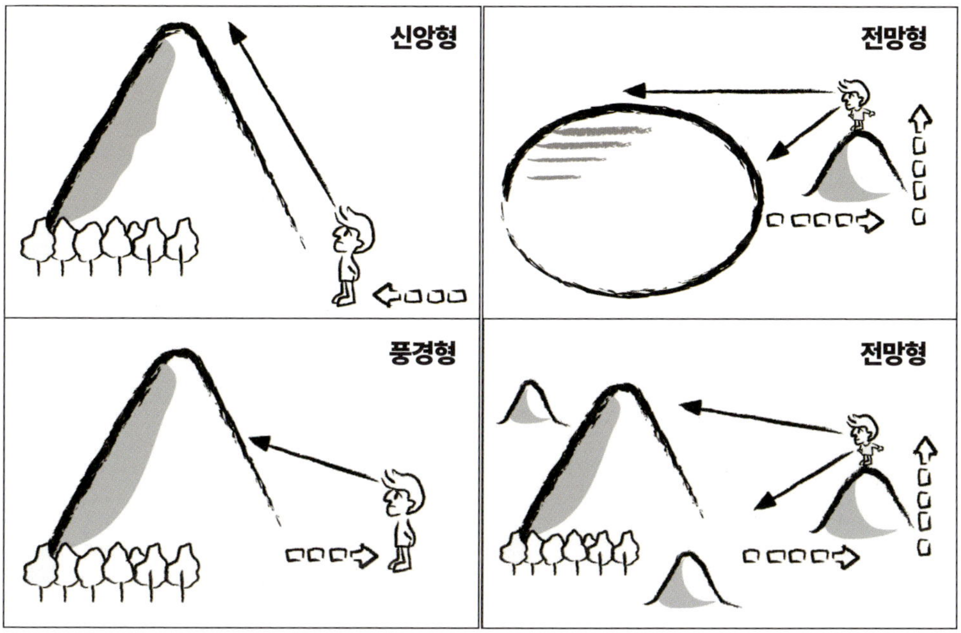

1-54 시점과 주대상의 관계디자인 (시거리, 방향, 상하관계 등)

그림 55는 세계문화유산인 중국 장자제의 암석으로 이루어진 산악 절경을 접근도로에서 올려다본 것으로, 『시점』에서 『주대상』을 올려다보는 전형적인 『신앙형』 관계디자인 사례이다. 특히 『시점』이 위치하는 도로에서 『주대상』의 상세 형태나 질감 등이 인지되는 관계가 형성되고 있는데, 이 경우 『시점』과 『주대상』과의 시거리가 근접되면 될수록 위압감이나 차폐감은 강해진다.

1-55 신앙형 :
장자제(張家界) 접근도로에서 산봉우리를 올려다봄. 중국

55

그림 56은 튀르키예의 카파도키아(Cappadocia) 지역에 있는 파샤바(Pasabag) 계곡으로, 자연적으로 형성된 괴석의 신비로움을 올려다보며 체험하는 신앙형 경관이다.

실제 『주대상』에 도달하지 못하는, 즉 정상에 오르지 못하고 보는 것만 가능한 경우라면 대상에 대한 신비로움이나 숭배감 등은 더 크게 느껴지게 된다.

1-56 신앙형 :
파샤바(Pasabag) 계곡에서 괴석을 올려다 봄. 튀르키예

1-57 신앙형+전망형 :
위치에 따라 주대상이 시점으로 역전되는 몽생미셸(Mont st. Michel) 수도원. 프랑스

또 다른 사례를 들어보자.

그림 57은 프랑스 몽생미셸(Mont st. Michel) 수도원의 모습이다. 이곳으로 오르는 도로상에서 바라보면 산 위의 수도원(주대상)은 『신앙형 관계』를 만들어내고 있다.

이 경우에는 앞서 제시한 사례와는 달리 산 위의 수도원으로 직접 접근이 가능한 형태로, 사람의 이동에 따라 『주대상』이었던 수도원이 『시점』 또는 『시점장』으로 역전되는 현상이 일어나는 장소이다. 즉 수도원 정상에 오르게 되면 그곳은 주변을 내려다볼 수 있는 조망점이 되는 등 『신앙형 관계』에서 『전망형 관계』로 역전되게 된다.

1-58 전망형 :
그랜드캐니언(Grand Canyon) 국립공원. 위에서 계곡을 내려다봄. 미국

그러므로 그림 57의 사례에서는 『신앙형』과 『전망형』 시점의 두 가지 모두를 고려한 관계디자인이 이루어져야 할 것이다. 바로 이러한 점이 관계디자인의 어려움이기도 하나, 한편으로는 다양한 연출이 가능한 흥미롭고 매력적인 디자인 포인트가 되는 것이기도 하다.

그림 58은 미국 그랜드캐니언 국립공원(Grand Canyon National Park)으로 거대 스케일의 『주대상』을 조망하는 전형적인 『전망형』 관계디자인이 적용된 사례지이다.

1-59 전망형 :
산 정상 전망대에서 블루마운틴 (Blue Mountains)을 내려다봄. 호주

그림 59는 호주 블루마운틴(Blue Mountains)의 전경으로 『주대상』의 탁월한 경관이 보이는 위치를 선정하여 그곳에 『시점』을 확보하는 관계디자인을 통해 우월감 및 개방감이 느껴지는 전망형 경관을 연출한 사례이다.

그림 60은 독일 로텐부르크(Rothenburg)에서 퓨센(Fussen)으로 가는 로맨틱 가도(The Romantic Road)에서 바라본 산의 모습으로 『풍경형』 관계디자인 사례이다.

대상지로 이동하는 도로, 즉 움직이는 『시점』에서는 『주대상』과의 일정한 거리가 유지되고 있어 산의 전체적인 형태 및 스카이라인을 체험할 수 있으며, 때때로 도로가 휘어지는 형태로 되어있어 『주대상』을 가까운 곳에서 볼 수 있는 『시점』도 확보되어 있다.

이처럼 『풍경형 관계』에서는 『시점』이 『주대상』으로 접근하는 거리와 방향에 따라 다양한 경관을 체험할 수 있는 관계디자인이 가능하다는 점이 흥미롭다.

1-60 풍경형 :
퓌센(Fussen) 지역으로 가는 로맨틱 가도(街道)의 경관. 독일

60

b. 『시점장』과 『대상장』과의 관계디자인

『시점장』과 『대상장』의 관계 검토에서는, 『시점장』과 그 외 대상 공간과의 경계를 취급하는 방법 등이 디자인 포인트가 된다.

구체적으로는 『시점장』 부근의 공간과 그 밖으로 확대되는 경관대상과의 관계에 대한 것으로, 『시점』이 형성되는 『시점장』과 『주대상』이 위치하는 『대상장』과의 시각적 · 물리적 연속성에 대해 다루는 관계디자인이다.

그림 61에 나타난 바와 같이 『시점장』과 『대상장』의 관계디자인 포인트는 두 공간이 시각적 또는 물리적으로 연결되어 있어 연속성을 갖는 공간디자인인지, 단절되어 있는 비연속 공간디자인이 적용되고 있는가에 있다.

그리고 대상공간이 외부와 연결되는 개방적 형태로 되어있는지, 차단되거나 제한되어 있는 폐쇄적 형태인지 등은 『시점장 · 시점』과 『대상장 · 주대상』 상호 간의 관계나 경관 이미지에 지대한 영향을 미친다.

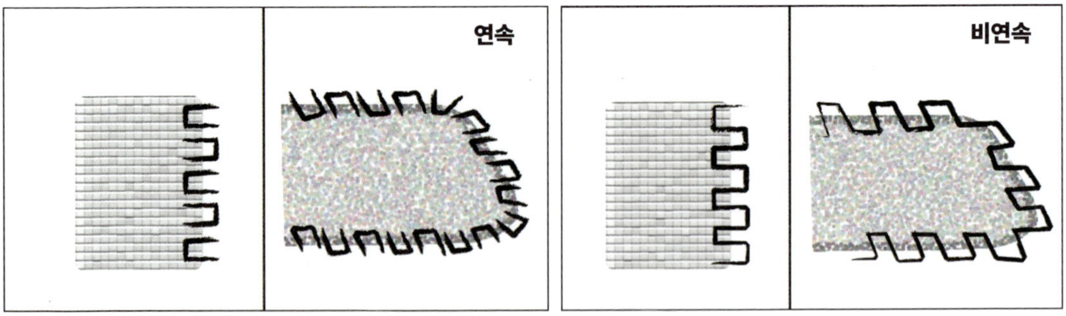

1-61 시점장과 대상장의 연속 및 비연속을 디자인 요소로 활용한 관계디자인 (시각적 · 물리적 연속성)

1-62 연속 :
리젠트(Regents) 공원 산책로의 관계디자인. 영국

연결과 차단에 의한 효과는 경관적 안정감, 『주대상』 강조, 폐쇄감과 개방감 부여, 연계와 격리, 방향성 및 장소성 강조 등이다.

그림 62는 『시점장』과 『대상장』이 연계되어 있는 영국의 리젠트파크(Regents Park)이다.

보행자 이동동선이자 『시점장』에 해당하는 산책로와 주변 녹지공간인 『대상장』은 언제든 이동이 가능한 공간구조로 되어있다.

경관적으로 연속성과 방향성이 느껴지는 공간이며 개방적인 경관이미지가 형성되어 있는 등 『시점장』과 『대상장』의 연속적 관계디자인이 적용된 사례이다.

그에 비해 그림 63은 일본 운젠 국립공원(雲仙國立公園)의 지옥 계곡으로 방문자 안전 확보를 위해 『시점장』과 『대상장』을 단절시키는 비연속 관계디자인이 적용되어 있는 경관지역이다.

이 경우 화산 가스가 분출되는 지옥 계곡과 관람을 위한 보행로는 시각적으로는 연속되어 있으나, 물리적으로는 차단된 상태의 격리된 공간으로 계획하는 관계디자인이 이루어졌다.

그림 64는 러시아 모스크바 마네쥐 광장(Manezh Square)으로 『시점장』과 『주대상』이 연속되어 있는 사례이다. 이 경우에는 광장의 일반적인 특성, 즉 시각적, 물리적으로 연속되는 개방적인 공간의 성격을 갖는다.

1-63 비연속 :
운젠지옥(雲仙地獄) 계곡의 관계디자인. 일본

이에 비해 그림 65는 영국 교외의 주택가 버튼 온더워터(Bourton on the Water)의 하천변 휴게공간의 모습이다.

개방적이고 편안한 이미지를 주고 있으나, 전면에 수공간이 자리하고 있어 『시점장』과 『대상장』과의 관계는 연속되지 않는 공간이 만들어져 있다. 녹지와 수공간은 물리적으로는 비연속이나 시각적으로는 연속되어 있는 관계디자인의 사례이다.

1-64 연속 : 모스크바(M oskva) 마네쥐(Manezh) 광장, 러시아

1-65 비연속 : 주택가 하천변 휴게공간의 관계디자인, 영국

그림 66은 영국 런던(London) 시청 앞 광장으로 연속과 비연속이 함께 사용된 사례이다.

시청 건물에서 광장으로 연결되는 이동동선(시점장, 사진 상단의 난간으로 보이는 부분)은 광장 중심부(주대상)와 단절된 비연속 관계를 형성하고 있다. 한편 사진 하단을 보면 광장 중심무대와 『시점장』에 해당하는 곡선 형태의 계단 부는 시각적, 물리적으로 연속되어 있는 것을 알 수 있다.

이와 같이 경관디자인에서 『시점장』과 『대상장』 또는 『시점장』과 『주대상』의 관계, 즉 경관 구성요소의 경계 취급에 의한 연속 및 비연속의 관계조작은 경관의 성격을 좌우하는 요소로 작용하는 것을 알 수 있다.

1-66 연속+비연속 :
시청 앞의 시점장과 대상장의 관계디자인. 영국

66

그림 67은 일본 3경(景)의 하나인 교토(京都)의 아마노하시다테(天橋立)를 인근 전망대에서 바라본 것이다.

『시점장』 및 『시점』에 해당하는 전망대에서 바라보면 『주대상』 및 『대상장』의 역할을 하는 수공간으로의 조망은 시각적으로는 연결되어 있는 개방적 구조로 되어있다. 그러나 두 공간을 직접 이동하는 것은 어려운 디자인으로, 물리적으로는 차단되어 있는 비연속 관계디자인이 적용되었다.

이렇게 그림 67 사례에서는 『시점장』이 되는 전망대와 조망대상이 되는 『주대상 · 대상장』이 단절된 관계가 유지되도록 계획하는 것이 효과적인 관계디자인 기법이 될 것이다.

1-67 비연속 :
전망대와 조망되는 수공간과의 관계디자인. 일본

c. 『주대상』과 『대상장』 또는 『주대상』 상호의 관계디자인

경관 구성요소인 『주대상』과 『대상장』 또는 『주대상』 상호의 역할 부여 및 관계 검토 등이 관계디자인의 주요 쟁점이 된다.

이 경우 경관대상지를 『주대상』의 존재 여부 및 경관요소의 구성에 따라 세 가지 유형으로 구분할 수 있다.

① 경관대상지에 이미 탁월한 경관 구성요소,
즉 명확한 『주대상』이 이미 존재하는 경우,
② 대상지에 두드러진 경관요소, 즉 『주대상』을 발견하기 어려운 평범한 지역인 경우,
③ 대상지에 유사한 경관요소가 산재되어 있는 경우이다.

경관대상지의 유형에 따라 차별화된 관계디자인이 이루어져야 하며 구체적인 대상경관에 대한 디자인 기법으로는 탁월성 부각, 탁월성 도입, 통합성 부여 등을 들 수 있다.

이하에서 『주대상』과 『대상장』 또는 『주대상』 상호관계를 도식화하고 사례를 소개한다.

① 탁월한 경관 구성요소, 즉 명확한 『주대상』이 이미 존재하는 경우

기존 경관대상지에 우수한 『주대상』이 이미 존재할 때는 그 요소를 존치 또는 부각시키기 위한 디자인, 즉 『대상장』에 대한 관계디자인이 필요하다.

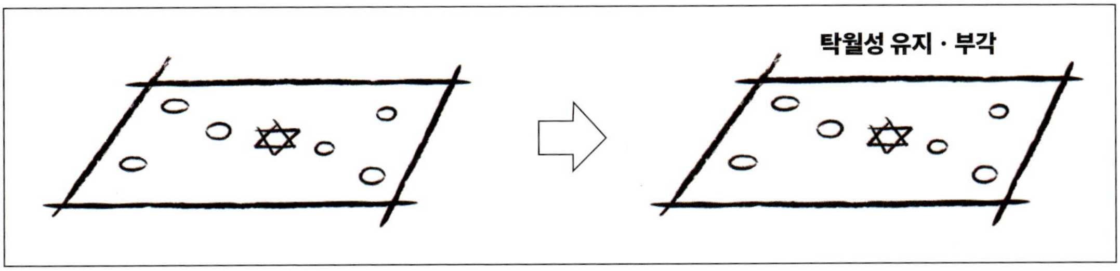

1-68 탁월한 주대상을 보유하는 경우, 그 요소를 부각시키는 관계디자인

그리고 이러한 경우에는 경관대상지에 이미 존재하는 『주대상』의 역할과 이미지가 훼손되는 일이 없도록 『대상장』의 현 상태를 유지, 보존하거나 필요시 강조, 부각시킬 수 있도록 『대상장』을 관리하도록 한다(그림 68).

다시 말하자면 『주대상』과 유사한 요소를 인접하여 배치한다거나 차폐하여 가려버리는 등의 행위는 삼가야 한다는 의미이다. 그 이유는 『대상장』은 『주대상』이 주요한 경관 구성요소로의 역할을 담당하기 위해서 없어서는 안 될 필수적인 바탕 또는 배경요소가 되기 때문이다.

구체적인 사례를 살펴보자. 그림 69는 이태리 피렌체의 산타크로체(Santa Croce) 광장에서 바라본 크로체 성당이다.

1-69 탁월성 유지 :
주대상인 크로체(Croce) 성당을 유지하게 하는 관계디자인. 이탈리아

사진을 보면 탁월성을 보유한 『주대상』이 이미 존재하는 경관이다. 이러한 경우에는 크로체 광장의 주요 경관요소이자 『주대상』인 크로체 성당이 돋보일 수 있도록 유지하게 하거나 부각시키는 관계디자인을 시행하도록 한다.

『대상장』이 되는 주변 건축물의 규모나 형태, 색채 등을 조정 관리하는 방식으로 크로체 성당이 돋보일수 있도록 배려하는 관계디자인이 필요하다.

그림 70은 시드니의 랜드마크인 오페라하우스(Opera house)를 바다에서 바라본 모습으로, 명확한 상징성을 갖는 『주대상』이 이미 존재하는 경우이다. 그런데 이렇게 멀리서 조망하더라도 『주대상』의 탁월성이 유지, 강조되기 위해서는 『주대상』과 『대상장』의 관계가 디자인되어야 한다. 즉 『주대상』인 오페라하우스에 사용되고 있는 곡선 또는 사선 등 동일한 디자인 요소를 『대상장』에 해당하는 주변 건축물에 도입하는 것은 피해야 한다.

그림 70을 살펴보면 오페라하우스와 인접한 건축물들은 수평, 수직의 직선을 사용하고 있어 『주대상』과는 다른 디자인을 택하고 있으며, 규모 측면에서도 차별화가 이루어지고 있다는 사실을 확인할 수 있다.

1-70 탁월성 부각 :
주대상인 오페라하우스를 부각시키는 관계디자인. 호주

바람직하지 못한 관계디자인에 대한 사례도 살펴보자.

그림 71은 튀르키예 이스탄불(Istanbul)의 소피아(Sophia) 성당으로, 현재는 박물관으로 사용되고 있는 건축물이다. 독특한 디자인과 첨탑으로 인해 누가 보더라도 대상 경관지역에서 탁월한 상징성을 갖는 『주대상』에 해당된다.

다만 전면 녹지광장 및 도로 등 주요 시점에서 성당을 바라볼 때 인접한 우측 건축물이 『주대상』과 비슷한 높이, 형태로 디자인되어 있으며 마감재의 질감 역시 유사한 느낌을 주고 있다.

그로 인해 『주대상』의 경관이미지를 저감시키는 등 인접 시설들이 『대상장』의 역할을 다하지 못하고 있는 지양해야 할 관계디자인 사례이다.

1-71 탁월성 훼손 :
주대상인 성당에 부정적 역할로 작용하는 대상장의 관계디자인. 튀르키예

71

② 두드러진 경관 구성요소가 없는 평범한 대상지인 경우

대상지의 경관이 평범하여 특별한 특징이 없거나 어디에서도 볼 수 있는 경관지역의 경우에는 대상공간에 상징성 있는 『주대상』을 도입하여 흥미로움을 부여해 주는 것이 좋다(그림 73).

다만 경관대상지의 고유한 특성이나 보유자원 등과 연계된 경관요소를 도입하는 방식으로 『주대상』과 『대상장』의 관계디자인을 시행하도록 한다.

그림 72는 이탈리아 밀라노(Milano)의 나빌리오(Naviglio) 지구이다. 우측과 좌측의 동일한 노란색 건축물은 지하철역이며, 주변 역시 『주대상』이 될 만한 경관 구성요소가 명확하지 않은 평범한 곳이다.

1-72 탁월성 도입 :
평범한 대상지인 경우에는 탁월한 요소를 도입하는 관계디자인. 이탈리아

72

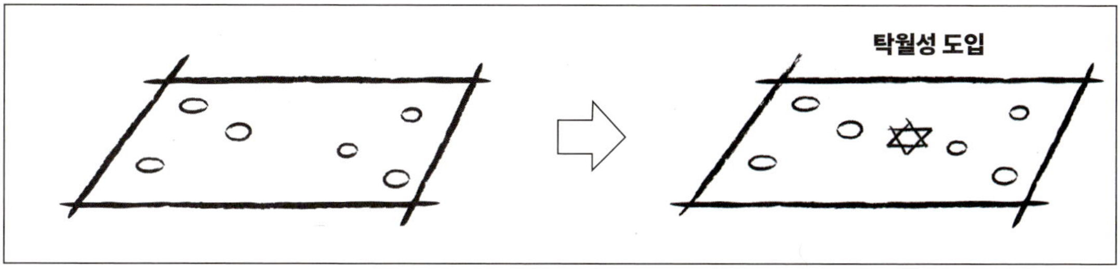

1-73 특징이 없는 대상지인 경우에는 상징적 경관요소를 도입하는 관계디자인

이러한 경우라면 탁월한 요소를 도입하여 특징적인 경관을 만들어주는 것이 좋다. 그림 72의 사례에서는 단기적인 이벤트성 작업이기는 하나 달팽이를 주제로 한 환경조형물을 거리에 배치하여 새로운 『주대상』을 만들어내는 관계디자인을 통해 흥미로운 경관을 만들어냈다.

③ 유사한 경관 구성요소가 산재되어 있는 대상지인 경우

경관대상지에 유사한 경관요소가 흩어져 있어 『주대상』을 파악하기도 또는 지정하기 어려운 상황도 있다.

그림 74와 같이 대상지에 유사한 경관 구성요소가 산재되어 있는 경우라면 이 요소들을 상호 연계하여 통합성을 부여하고 이를 『주대상』으로 활용하는 것이 좋다.

그리고 대상지역에 이미 존재하고 있는 경관 구성요소의 이미지를 관리하는 방식으로 『대상장』과 『주대상』에 통합성을 부여하는 관계디자인은 그 지역에서만 볼 수 있는 특징적인 경관이미지를 연출해 내는데 매우 유용한 방법이다.

우리가 우수한 경관이 형성되어 있다고 말하는 대부분의 도시 경관지역에서 체험할 수 있는 형태로, 특정지역의 경관을 구성하는 다수의 복합적인 요소가 상호조화를 이루거나 공통적인 특성을 보유하여 통합된 경관을 형성하는 경우가 이에 해당된다.

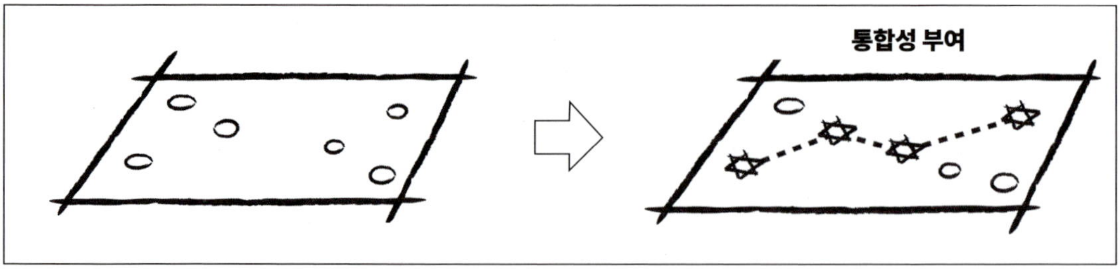

1-74 유사한 경관요소가 산재하는 경우에는 통합성을 부여하는 관계디자인

1-75 통합성 부여 :
유사한 지붕 형태로 통합 이미지를 만들어낸 관계디자인, 독일

그림 75는 독일 레겐스부르크(Regensburg)의 경관으로 도나우강과 접해있는 건축물들이 유사한 지붕 형태를 이루고 있어 통합된 경관이미지를 연출하고 있음을 확인할 수 있다.

아울러 획일적 형태가 아닌 건축물의 층수, 벽면, 창문 등의 형태에 변화를 주어 다양성을 추구함으로써 매력적인 경관을 만들어내고 있다.

1-76 통합성 부여 :
동일 형태의 건물 배치와 색채요소 등을 적용한 관계디자인. 프랑스

그림 76은 프랑스 투르(Tours)의 시가지 모습이다.

도로 양측에 늘어선 건축물들의 구성을 살펴보면, 규모 및 지붕 형태가 동일한 건축물이 군데군데 배치되어 통합된 이미지가 『대상장』과 『주대상』의 관계디자인, 즉 통합성 부여로 경관이미지를 연출해 낸 좋은 사례라 생각된다.

그림 77은 노르웨이 베르겐(Bergen) 구시가지의 모습으로 삼각형 지붕인 건축물 군이 통합된 경관이미지를 만들어내는 『주대상』의 역할을 담당하는 사례이다.

유네스코 문화유산으로 지정되어 있는 이곳은 도로이용자 시점에서 통합된 지붕 형태가 조망되도록 격자형 도로의 교차 지점

1-77 통합성 부여 :
지붕 형태와 방향으로 통합성을 부여한 관계디자인. 노르웨이

에서도 건축선의 조정과 건물 입면이 부각되는 배치를 선택한 관계디자인이 이루어지고 있는 것을 확인할 수 있다.

이상에서 살펴본 바와 같이 『주대상』을 조작 대상으로 하는 탁월성의 취급, 즉 탁월성 부여 및 제거와 그러한 관계디자인을 통한 경관의 통합성 등 관계 형성과 연출이 경관디자인의 핵심이 된다.

그리고 관계조작을 통한 경관디자인의 효과는 주변 경관과의 조화 그리고 테마의 연출에 관계되는 것이라 볼 수 있다.

---

1) 임승빈, 1991, 경관분석론, 서울대학교 출판부
2) 한국조경학회, 2004, 자연경관계획 및 관리, 한국조경학회, 문운당, p.7-11
3) 篠原 修(Shinohara Osamu), 1982, 토목경관계획, 기문당 출판

2 PART

경관계획

01 경관계획

1-1. 개념 정의
1-2. 경관계획과 경관만들기
1-3. 경관계획의 지향점

02 경관계획의 필요성과 역할

2-1. 경관계획의 필요성과 가치
2-2. 경관계획의 목적
2-3. 경관계획의 역할

03 경관계획의 진행

3-1. 경관계획의 과정

3-2. 경관 과제의 설정

3-3. 현황조사 및 분석

3-4. 기본구상

3-5. 경관디자인 : 계획+설계

04 경관의 예측과 평가

4-1. 경관의 예측

4-2. 경관 영향평가 및 검토 과정

4-3. 조망점 선정 및 분석 기법

4-4. 경관평가 및 저감 대책

01

경관계획 景觀計劃, Landscape Planning

1.1 개념 정의

경관계획이란 특정 지역이나 시설 등을 대상으로 경관을 이상적인 형태로 보전 · 관리 및 형성하기 위한 과정이나 방법을 제시하는 것이다. 또한, 대상 공간을 조성하고 경관을 관리하는 종합계획으로, 자연환경 및 도시환경 모두를 조화롭게 만들어가는 주요 전략이기도 하다.

경관계획 수립 시에는 지역의 자연경관 및 역사·문화경관 등 우수한 경관을 보전하고, 훼손된 경관을 개선 · 복원함과 동시에 새로운 경관을 개성 있게 창출하기 위한 정책 방향, 기본구상 및 계획, 실행 방안 등이 제시되어야 한다.

경관법의 제정 목적은 '국토의 경관을 체계적으로 관리하기 위하여 경관의 보전 · 관리 및 형성에 필요한 사항을 정함으로써 아름답고 쾌적하며 지역 특성이 나타나는 국토환경과 지역환경을 조성하는 데 이바지함에 있다'고 제시되어 있다(경관법 제1조).

그리고 경관계획은 아름답고 쾌적한 국토 경관을 형성하고 우수한 경관을 발굴하여 지원·육성하기 위하여 수립하는(경관법 제6조), 지방자치단체의 자치적 법정계획이다.

경관계획은 크게 두 가지로 나누어 생각할 수 있다.

첫 번째는 개별 대상이 아니라 특정지역 전체를 대상으로 경관계획을 수립하는 경우로, 해당 지역의 현재 경관과 경관변화 등에 대한 동향 등을 파악하고, 그것을 근거로 한 경관형성의 목표설정 및 실현을 위한 방법을 제시하는 계획행위, 예를 들면, 경관법에서 규정하고 있는 경관계획 수립 등이 이에 해당한다(경관정책기본계획, 도 경관계획, 시·군 경관계획, 특정경관계획).

두 번째는 특정 시설이나 개별 구조물 등의 건설을 전제로 하는 경우, 도입 또는 신설되는 시설에 의한 영향력이 기존의 경관을 어떻게 변화시키는가에 대한 예측과 그에 따른 주변 지역에 대한 경관형성 및 조정방법을 구축하는 계획행위, 예를 들면, 개별적인 프로젝트 수행 등이다.

1.2 경관계획과 경관만들기

우리들이 눈으로 보고 체험하는 환경이 경관이라면, 경관을 계획한다는 것은 환경, 즉 풍경, 경치를 만들어내는 작업이라 할 수 있다. 그런데 우리를 둘러싸고 있는 환경이란 이미 존재하는 것이므로, 무언가를 새롭게 창조해 내는 기존의 계획과는 다른 방식이 되어야 할 것이다.

그래서 필자는 경관계획이란 우리들 주변의 환경을 묘사하는 그림을 그려내는 작업이 아닐지 생각한다. 다만 하얀 캠퍼스에 새 그림을 그리는 것이 아니라, 이미 밑바탕에 환경이라는 그림이 그려져 있는 캠퍼스에 추가로 덧칠하거나 일부를 수정해 가며 완성 시켜가는 그림이라고 보는 것이 타당할 것이다. 물론 그 환경에 관련된 사람들이 공동으로 그림그리기에 참여하는 작업이 될 것이다.

그림그리기는 아니 그림을 완성 혹은 수정하는 경관계획이라는 작업은 전문가집단에 의해 진행된다.

우선 새로운 그림그리기에 자신있는 건축가, 바탕색 칠하기 혹은 배경 그림그리기에 능숙한 조경가, 기준이 되는 선 긋기와 공간 배치 등 구도 잡기에 능숙한 도시계획가 그리고 그것들을 서로 균형 있게 연결해 가는 토목가가 그림을 그려가게 될 것이다.

또한, 그림과 잘 어울리는 때로는 흥미를 유발시키는 포인트를 만들어내는 공공디자인 및 공공조명 전문가들 그리고 그림 뒤에 담긴 의미나 역사 등이 잘 표현될 수 있는 재질의 종이와 도구가 필요할 것이다.

경관이라는 커다란 그림 뒷면에 기초 색을 칠할 문화, 인문, 사회학 관련 학자들의 식견과 개성 있는 그림으로 완성될 것인가를 혹은 잘 팔려나갈지, 모두가 보고 싶어 하는 매력적인 그림이 될 것인지를 판단하고 관리할 행정 및 경제 관련 전문가, 관광, 지역 개발학자의 참여도 필수적이다.

그리고 이 그림이 계속 유지될 수 있는 것인지, 지속력과 생명력이 있는 것인지를 살펴보는 생물, 지리 등 생태 관련학자 또한 참여하여야 한다.

2-1 경관만들기는 모두가 함께해야 하는 공동작업

이렇게 완성된 그림을 감상하고 공유하는 사람들은 단순히 그림의 형태만을 보는 것이 아니라 내면적인 부분까지, 즉 그림에 담겨있는 가치와 의미를 공유하게 되는데 이는 지역에서 생활하고 있거나 앞으로 생활하게 될 지역주민들의 몫이 될 것이다.

이처럼 하나의 그림이 완성되기 위해서는 긴 시간과 여러 사람의 상호협력을 요구하는 어려운 작업임에 틀림이 없다. 하지만 그와 반대로 그림을 망쳐버리는 행위는 언제든 누구든 가능하며 순식간에 일어날 수도 있는 것이다.

실제 경관계획을 추진하는 과정에서는 지역주민들이 이해득실에 크게 좌우되기 때문에 주민들의 합의와 협조를 얻어낸다는 것이 현실적으로 매우 어려운 일이다.

이렇듯 함께 마음을 모아 그려내야 하는 공동의 그림이 경관계획이기에 어렵고 복잡한 작업이 될 수밖에 없는 것이다.

1.3 경관계획의 지향점

모든 것이 완벽한 사람이 존재하지 않는 것과 마찬가지로 완전한 환경이란 존재하지 않는다.

일례로 우리가 어딘가를 방문하게 되고 그곳에서 만족할 만한 인상을 받고 좋았다고 느끼게 되면, 그 장소를 기억에 남겨두기 위하여 사진을 찍게 된다. 본인의 마음에 드는 장소에서 사진을 찍거나 때로는 사진 찍는 곳(Photo zone)에서 사진을 찍고, 아름다운 경관사진이 완성되면 그것을 보면서 그 장소의 이미지를 기억하고 타인에게 보여주며 자랑하기도 한다.

그런데 곰곰이 생각해 보면 방문자는 그 장소 모든 곳을 보고 체험한 것도, 사진이나 동영상에 그 모습 전부를 담아온 것은 아니다.

세계적으로 손꼽히는 우수한 경관을 가진 명승지라 하더라도 그곳의 모든 장소가 아름다운 것은 아니며, 특정 시점에서 혹은 사람들이 이동하면서 체험하게 되는 통과동선 혹은 몇몇 장소에서 아름다운 모습을 경험하게 되는 경우가 대부분이다.

그리고 그러한 아름다운 경관들을 자주 경험할 수 있는 곳을 거닐었다면, 그곳은 아름다운 장소라고 평가하고 기억되게 된다. 그러나 방문한 곳에서 아름답지 않거나 불쾌감이나 부조화된 모습을 본 기억이 많다면 당연히 그 지역경관에 대한 평가는 낮아질 것이다.

우리들이 무언가를 보고 그것을 평가하고 느끼게 되는 과정은 경관뿐 아니라 사람에 대해서도 동일하다. 좋은 기억과 밝은 인상이 많이 남아있다면 좋은 사람이라 생각하겠지만, 불편하고 어두운 기억이 많이 남아있으면 만나고 싶지 않은 사람으로 평가될 것이다.

그렇다면 좋은 평가를 받을 수 있는, 즉 높은 점수를 받을수 있는 경관을 만들어내기 위해서는 무엇을 어떻게 계획하는 것이 좋을까 생각해 보자.

앞서 설명한 것처럼 우리를 둘러싸고 있는 환경이란 이미 존재하는 것이기에, 반드시 새로운 무언가를 만들어 넣어야 바람직한 경관이 완성되는 것은 아니다. 따라서 경관계획의 첫 단계는 현재 주어진 상황을 정확하게 파악하여 나쁜 부분은 가리거나 개선시켜 주고, 약한 부분은 보완해 줄 수 있는 방안을 찾아내는 것이 살아있는 생명체인 우리의 생활환경을 계획하는 가장 기본적이자 핵심적인 방법이자 최종적인 지향점이 될 것이다.

우선 계획대상지의 장단점을 파악한 후, 장점은 잘 보이도록, 단점은 눈에 잘 띄지 않는 방식으로 계획해 보자. 경관계획이란 우리의 환경을 100점짜리로 만드는 것이 아니기 때문이다.

지역의 경관자원 및 장소가 보유하고 있는 장단점을 각각 플러스와 마이너스로 표시하고, 계획의 초기 단계, 즉 지역 선정, 공간배치, 동선계획의 단계에서 마이너스적인 요소는 피하거나 은폐시키거나 혹은 눈에 띄지 않도록 조정하는 것이 중요하다. 물론 플러스적인 요소는 활용할 가치가 있으므로 잘 보이도록 배치하거나 부각되도록 연출하는 테크닉도 필요하다.

아울러 생태적으로 유지, 보전해야 할 지역이 있다면 조사 단계에서 표기해 두고 적절한 관리가 이루어지도록 하는 것이 생태환경의 지속성 유지 차원에서 중요하다. 그리고 이러한 접근방법은 경관계획이란 인간이 새롭게 만들어내는 것이 아니라 이미지 구상에 존재하는 생명체를 다루어야 하는 기술이라는 점에서 인간 그 자체의 관리와 유사하다고 하겠다.

필자는 경관계획이란 지역의 환경을 성형하는 수술과 유사하다고 생각한다. 인간은 자신의 얼굴 등 이미지를 향상시키기 위해 성형을 선택하기도 한다. 그런데 예쁜 얼굴이라는 기준은 본인 스스로가 생각하는 것도 있겠으나, 대다수의 사람들이 예쁘다고 평가하는 어떤 경향이 반드시 존재한다. 게다가 시대 변화에 따라 나름의 이상향이 달라지기에 그것을 제시하고 요구하는 것이 일반적이다.

2-2 경관대상지의 장단점을 활용한 경관계획의 기법

그런데 잘 생각해 보면 이 성형 단계에서 무언가를 새롭게 만들어 넣는 것은 불가능한 일이며, 대부분의 사람은 본인이 이미 가지고 있는 외모 중 가장 자신이 없는 부분에 손을 대게 마련이다. 물론 '저는 눈이 제일 예쁘니까 이것을 더 예쁘게 해주세요.'라는 요구도 있을 수는 있으나 효과를 생각하면 같은 돈을 들이고 하기는 아까운 상태라 하겠다.

결국 현 상태에서 가장 부족하다고 느끼는, 보여주고 싶지 않은 부분을 개선 시키게 되면 이미지가 향상될 가능성이 높아지게 된다. 그리고 만족도가 높다면 다시 두 번째로 부족하다고 생각되는 곳에 손을 대는 것은 어쩌면 합리적인 방법일 것이다.

사람에 따라서는 외모를 성형하는 방법을 택하기보다 화장이나 옷차림을 통해 장단점을 가감하거나, 비가시적인 방법을 통해 내면의 분위기를 연출해 내는 경우도 있다. 이 모든 수법은 경관계획에서도 동일하게 적용 가능하다.

우리들이 생활하는 환경은 예부터 존재해 왔던 그리고 지금도 미래에도 지속될 생명체이므로, 경관을 계획하고 만들어가는 경우 살아있는 생명체를 다루고 있다는 사실을 간과해서는 안 된다. 또 성형을 할 때 본인의 가장 매력적인 부분을 고치는 사람은 없듯이, 경관계획 시 그 지역의 역사와 문화라는 매력적인 요소를 망가뜨리는 계획을 해서는 안 되는 이유가 바로 여기에 있다.

하지만 동일한 미인의 얼굴이 늘어나는 것과 현대도시의 정체성(Identity)이 상실되는 것은 물질 우선의 시대가 만들어낸 유사한 경향이 아닐지 우려되는 현실이기도 하다.

02

경관계획의 필요성과 역할

2.1 경관계획의 필요성과 가치

1) 경관계획의 필요성

그렇다면 경관계획은 왜 필요한 것일까? 바꾸어 표현하자면 사람들은 경관계획을 통해 무엇이 이루어질 것이라 기대하고 있는 것일까?

너무도 당연한 이야기가 되겠으나 경관계획의 필요성은 경관적 과제의 유무에 기인한다. 즉 현재 주어진 상황이나 어떤 건설행위로 인해 변화되리라 예상되는 경관 자체에 문제가 없다면 경관계획은 필요하지 않다. 그런데 무언가 문제가 발생하리라 예상된다면 경관계획은 필요한 작업이 될 것이다.

우리가 계획하고자 하는 대상지역의 경관에 문제가 있는지 아닌지에 대한 판단을 내리기 위해서는, 반드시 그렇게 생각하고 평가하게 되는 근거가 있을 것이다. 그리고 그 근거의 밑바탕에는 경관에 대한 사람들의 가치 기준이 존재한다.

경관에 대한 가치판단, 즉 평가는 시간(시대)과 장소(지역, 경관의 유형) 그리고 대상의 특성과 인간과의 상호관계에 따라 달라진다.

그런데 경관평가의 근간이 되는 가치판단의 관점에 대해서는 다양한 주장이 있다. 인간의 본능을 중시하는 관점, 행동과학적인 관점, 예술적인 관점, 철학적 존재론적 관점, 전통적 사상에서의 관점 등이다.

다만 본서는 경관에 대한 기초이론을 다루고 있기는 하나 실제 적용기법에 무게를 두고 있으므로 실무에서 적용하기 쉬운 경관의 가치 판단기준에 대해 살펴보기로 하자.

2) 경관의 가치

경관의 가치, 즉 경관이 제공하는 의의를 경관과 인간의 상호 관련성 중심으로 생각해 보자.

경관의 유형을 인간과의 접촉 정도 내지는 경험빈도에 따라 분류해 보면,

① 생활하면서 늘 접하게 되는 『일상적 경관』과
② 특정 기회에 가끔 접하게 되는 『비일상적 경관』으로 나눌 수 있다.

이 두 가지 유형의 경관에서 인간이 추구하는 가치는 서로 다르며, 그런 이유로 각 유형에 따라 경관계획의 목적과 방법은 달라져야만 한다.

사람들은 『일상적 경관』과 『비일상적 경관』 양쪽 모두를 경험하면서 살아가고 있다.

『일상적 경관』이란 자신이 거주하는 일상적인 생활 공간에서 얻을 수 있는 경관으로, 예를 들면, 도시경관, 거주지경관, 농촌경관 등과 같은 것이다.

『일상적 경관』의 가치는 지루할 정도의 익숙함, 편안함, 친밀감, 쾌적함 등에 있다. 비유하자면 『일상적 경관』의 가치란 어머니의 고마움 또는 공기, 물 혹은 가족에게서 얻을 수 있는 가치에 해당될 것이다.

이러한 『일상적 경관』의 가치는 우리가 늘 인식하면서 살아가는 것이 아니라 그 가치가 손실되고 나서야 비로소 그 가치와 고마움을 깨닫게 된다. 늘 가까이 있어 당연한 것으로 알고 있으나, 사실 이런 일상적인 것들이 우리 생활의 존재 기반을 형성하고 있는 기본이자 필수적인 요소가 된다.

2-3 일상적 경관

2-4 비일상적 경관

그것과는 대조적으로 『비일상적 경관』이란 광대한 국립공원이나 관광지 등 특별한 목적이나 기회에 대상지를 방문하면서 경험하게 되는 경관에 해당된다.

『비일상적 경관』의 가치는 평상시에는 접하지 못하는 새롭고 색다른 환경과의 접촉을 제공함으로써, 인간들을 계발(啓發)하고 새로운 영감과 변화의 원천이 된다는 점에 있다. 관광의 가치와 기대효과도 이에 해당된다.

물론 생활하는 입지 및 상황에 따라 『일상적 경관』과 『비일상적 경관』은 역전되기도 한다. 처음 경험하게 되는 관광지가 관광객들에게는 『비일상적 경관』이지만, 그곳에서 생활하고 있는 거주자들에게 관광지는 『일상적 경관』이 될 것이다.

사람들은 일상에서 비일상과 만난다.

예를 들면, 어떤 요인으로 인해 기존경관이 파괴되거나 재개발로 인한 훼손 등에 직면하게 되었을 때, 또는 중병의 병상으로부터 집으로 복귀했을 때, 연인에게 버림받았을 때 비로소 그 존재의 고마움을 알아차리게 된다. 그리고 그런 경험을 하게 되면 다시금 일상적인 것들에 대한 존재가치를 인식하고 평가하게 되는 것이다.

그러나 무엇보다도 『일상적 경관』의 가치는 익숙함과 편안함에 있다고 보아야 한다. 이는 다른 사람들의 눈에는 산만하고 불쾌해 보이는 거주환경이 그 환경에 이미 익숙해져 있는 사람에게는 그곳이 만들어내는 경관이 일상생활의 존재 기반, 즉 생활 그 자체이기 때문에 편안함으로 느껴지게 되는 이유이기도 하다.

결국 인간에게 있어 경관의 가치란, 일상적 체험과 비일상적 체험 모두가 가능한 『일상적 경관』과 『비일상적 경관』의 존재이며, 당연히 각 유형에 따라 추구하는 가치와 목적에 부합하는 별도의 계획 방향이 마련되어야만 할 것이다.

이하에서는 『일상적 경관』과 『비일상적 경관』의 사례를 소개한다.

2-5 일상적 경관 :
룩소(Luxor)의 전통 주거지. 이집트

2-6 일상적 경관 :
소도시 오즈(大洲)의 거리 모습. 일본

2-7 일상적 경관 :
페스(Fez)의 주거지. 모로코

2-8 비일상적 경관 :
카이로(Kairo)의 피라미드. 이집트

2-9 비일상적 경관 :
게이랑에르 피요르드(Geiranger Fiord) 협곡.
세계자연유산. 노르웨이

2-10 비일상적 경관 :
나이아가라(Niagara) 폭포를 헬기 탑승
시점에서 바라본 경관. 미국

2.2 경관계획의 목적

사람들은 각자 자신들이 가지고 있는 가치 의식을 기준으로 현재 눈앞에 펼쳐지는 경관을 인식하고 평가하게 된다.

예를 들면, 아름다운, 추한, 조화된, 혼란스러운, 지나치게 획일적인 등의 구체적인 평가를 시간과 장소에 따라 내리고, 그 해결을 추구하는 경향을 나타내게 된다.

경관을 계획하는 의의는 표면적으로는 흩어져있어 상호맥락이 없어 보이는 각각의 요구를 하나의 체계로 정리하고 통합해 내는 것, 그리고 경관이 보유하는 가치를 지역이나 시대의 요구에 따라 구체화하여 실현해 내는 것에 있다.

그리고 그것이 시간과 장소에 좌우되지 않는 근원적인 경관의 가치를 실현하는 것이라면 이상적인 경관계획의 목적이 될 것이며, 이를 기초로 실제 상황에 맞추어 구체적인 과제의 해결 방안을 마련하는 것이 바로 경관계획의 목표가 된다고 하겠다.

물론 경관계획을 수립하는 데 계획의 대상이 되는 것은, 개별적인 시설을 취급하게 되는 경우(사물에 대한 경관계획)와, 지역이나 지구 등 넓은 면적을 대상으로 하는 경관계획(장소에 대한 경관계획)의 두 가지 경우를 생각할 수 있다.

그리고 두 가지 계획 모두의 최종 목표는 『인간에게 의미가 있는, 풍요로운 체험을 보장하는 환경의 창출』에 있다. 보다 계획적 관점에서 정의해보면, 경관계획의 목표는 『인간에게 가치가 있는 경관을 보호(Preservation), 보전(Conservation), 활용(Improvement), 창조(Creation)하는 것』에 있다.

2.3 경관계획의 역할

경관계획에서는 각각의 계획대상지가 직면하고 있는 구체적인 과제를 수용하여 그에 적합한 목표를 세우고 계획수립으로 이어가게 된다. 이때 경관계획을 통해 얻어지는 이득이자 경관계획의 역할은 크게 두 가지로 정리된다.

첫 번째는 도시경관과 같은 특정 지역이나 지구 레벨에서 경관 형성을 위한 방향을 정하는 일반적인 마스터플랜의 역할이다.

수립된 마스터플랜(경관계획)을 기본으로 하여 각기 다른 주체들이 실현하고자 하는 개별사업을 조성하고, 그에 따른 경관변화를 상호 조정해 가는 큰 틀에서의 역할을 의미한다. 그런데 현재 우리들이 생활하고 있는 도시나 지역에서는 다양한 주체가 개별적으로 시설을 계획하고 만들어내고 있으므로 통합성(Totality)이 결여될 수밖에 없다는 사실을 이미 잘 알고 있을 것이다.

따라서 우리들이 추구해야 할 경관계획의 역할은, 종래 종적 횡적으로 분산되어 시행 되어왔던 계획이나 시설 정비 등을 통합해 가는 과정을 거치면서 경관대상지 전체를 하나로 만들어내는 것에 있다고 보아야 할 것이다.

우리나라에서 2007년 경관법 제정 이후, 각 시 · 도 · 군에서 이루어지고 있는 경관계획에서 추구하고 있는 역할이 바로 이에 해당된다.

두 번째는 구체적인 사업(프로젝트) 시행 시 해당 지역의 개별 대상이나 대상 주변의 환경을 중심으로 이루어지는 것으로, 새로운 시설이 도입되는 환경(생태, 문화, 역사, 자연, 생활)을 배려하여 그 장소의 경관 전체를 아름답게 형성해 가는 역할이다.

이 접근에서는 단순히 대상의 아름다움을 추구하는 것뿐만 아니라 통합적인 환경의 아름다움을 얻어내고자 하는 것이 주요한 역할이 되겠다.

나아가 개별 대상 자체의 계획 · 설계에 있어서는, 그것들의 실용적 기능 충족을 위해 나타나게 되는 형태를 보다 세련되고 주변과 조화되는 아름다운 형태로 조정하는 작업 또한 경관계획의 역할이 된다.

03

경관계획의 진행

본서에서 다루고 있는 경관계획은 특정 지역을 대상으로 하는 프로젝트 시행을 위한 것으로 실무를 위한 지침서 성격을 갖는다.

따라서 경관법에 따라 각 도나 시군에서 수립하고 있는 경관계획의 진행과는 다소 차이가 있을 수 있다.

법에서 수립하게 되어있는 경관계획은 계획대상지가 대규모인 경우가 많으며 포괄적이고 장기적인 계획인 경우가 대부분이다. 그리고 이러한 경관계획의 경우에는 국토교통부에서 고시한 경관계획수립 지침(2018년 12월 26일, 고시 제2018-926호)이 마련되어 있으므로 제시된 내용과 작성 원칙에 따른다면 계획수립에 어려움은 없을 것으로 보인다.

다만 경관법이 제정됨에 따라 도 경관계획 및 시군 경관계획이 대부분 수립되어 있으므로, 이를 근거로 하여 대상지역에 대한 현황, 구역 구분, 특정지구 설정 여부, 규제 등을 검토한 후에 계획을 진행하여야 한다.

이제 법정계획이 아닌 개별사업(Project) 중심의 경관계획 진행에 대해 살펴보자. 프로젝트 수행에 앞서서는 우선 사업 대상지역을 관할 하는 행정기관이나 조직 등에서 정해놓고 있는 상위계획이나 종합 정비계획을 포함한 마스터플랜의 존재 여부 등 관련 사항에 대해서는 반드시 확인하고 진행하도록 한다.

3.1 경관계획의 진행 과정

그림 11은 계획의 과정(Process)을 나타낸 것이다.

그림 11의 상단은 통상적으로 이루어지고 있는 일반적인 계획의 과정을, 하단의 그림은 경관계획의 진행 과정을 나타낸 것이다. 여기서 두 과정에 대한 차이를 비교해 보기로 하자.

우리가 알고 있는 일반적인 계획의 진행은, ① 현황조사 → ② 구상 → ③ 계획 → ④ 설계 → ⑤ 시공 → ⑥ 관리의 단계를 순서대로 거치는 과정을 통해 이루어진다(그림 11 상단 일반 계획 과정).

그런데 그림 11 하단 경관계획의 과정을 살펴보면, ① 현황조사 → ② 구상까지의 과정은 동일하나, 그 이후의 진행은 차이가 있음을 확인할 수 있다. 즉 ③ 계획 ↔ ④ 설계 그리고 ⑤ 시행 ↔ ⑥ 관리의 단계가 순서대로 진행되는 것이 아니라 양방향으로 교류, 혼용이 가능한 과정으로 나타나 있다.

앞서 언급하였으나 경관계획과 경관설계는 상호관련성과 예측의 결과 등을 검토해 가면서 이루어지는 경우가 많다. 따라서 명확히 구분하지 않고 상호 교류가 이루어지는 평등과 통합된 개념으로 이해하고 진행하는 것이 적절하다는 판단이다.

이에 본서에서는 계획과 설계의 의미가 동시에 포함된 경관디자인[1] 이란 용어를 사용하기로 한다(경관계획+경관설계 = 경관디자인).

시공과 관리의 단계에서도 차별화가 나타난다. 경관계획의 경우 단순히 구조물을 만들어내는 작업이 아니기 때문에 경관을 시공한다는 용어의 사용은 부적절해 보인다. 따라서 계획의 시행 정도가 적절한 표현이 될 것이며, 현행법과 시행규칙, 지침 등을 살펴보면 계획 · 설계 이후의 과정으로 경관 실행계획을 수립하도록 되어있다.

아울러 실행계획에는 제안된 계획 내용과 사업의 추진, 경관협정의 적용 및 운영, 관리, 행정체계, 예산 및 재정계획의 항목이 제시되어 있으므로, 시행과 관리는 별도 단계가 아니라 경관사업 실행을 위한 상호교류의 통합된 단계로 다루어야 한다(경관시행+경관관리=경관사업 실행).

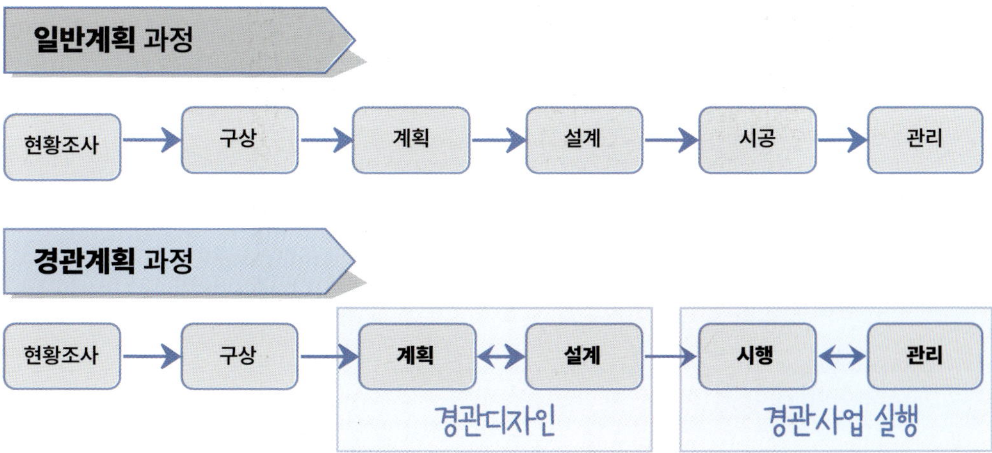

2-11 일반계획과 경관계획 과정의 비교

여기서 우리가 주목해야 할 또 하나의 주요 사안은 계획의 각 단계가 계획 전체에서 차지하는 비중이다.

그림 11을 보면 일반계획의 과정은 6단계로 진행되는 반면, 경관계획의 경우는 ① 현황조사, ② 구상, ③ 경관디자인, ④ 경관사업 실행의 4단계로 구성 진행된다.

이는 현황조사와 구상에 해당하는 초기 단계, 즉 계획 전 단계의 작업이 전체 계획에 미치는 비중과 영향이 증가됨을 의미하는 것이다.

따라서 경관계획을 수립하는 경우에는 계획대상지의 문제점을 발견하는 것(전체 상황 파악을 통한 현황조사 및 분석 단계) 그리고 제기된 문제점을 해결하기 위한 구체적인 목표를 설정하는 과정(구상 단계)이 일반계획 과정보다 더 중시되고 신중하게 검토되어야 한다.

구체적인 경관계획의 진행 과정을 단계별로 도식화한 것이 그림 12이다.

이하에서는 단계별 주요 검토 내용과 계획 방법을 소개한다.

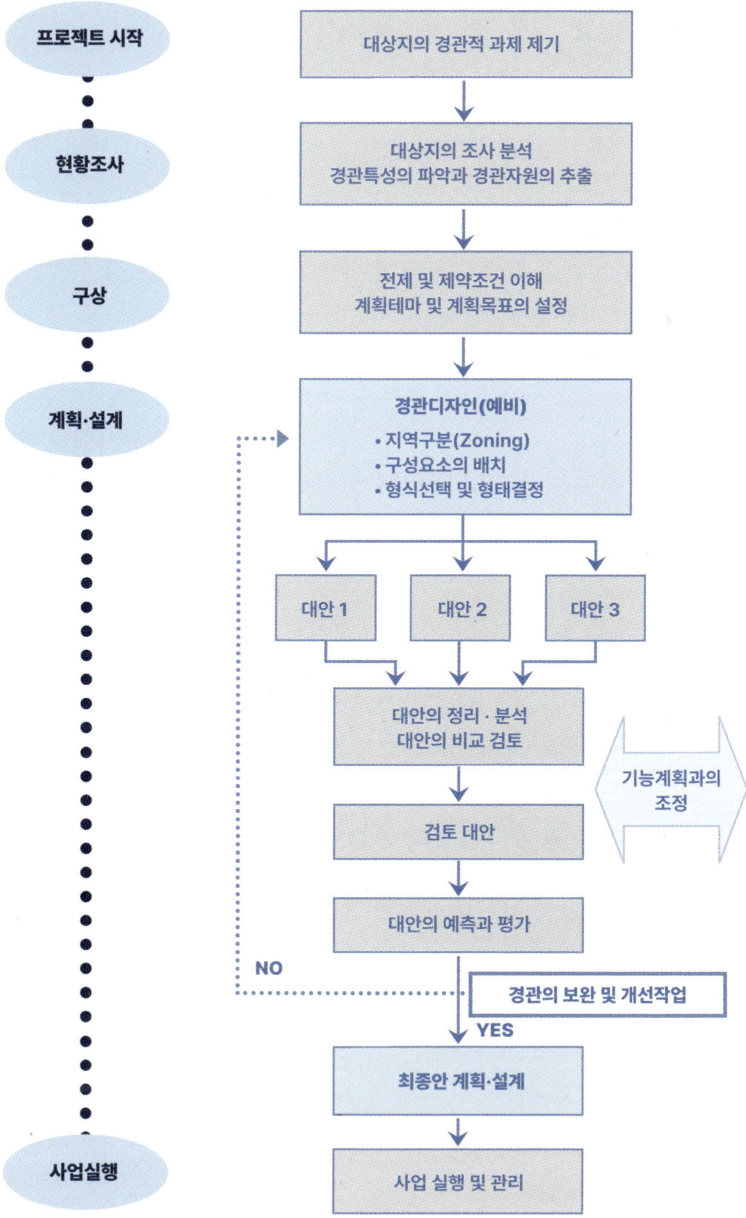

2-12 경관계획의 진행과정

3.2 경관 과제의 설정

우리가 어떤 계획을 수립하려면 우선 그 계획을 통해 이루고자 하는 요구나 조건들을 명확히 밝히는 것에서부터 시작해야 한다(그림 12 참조).

구체적으로 말하자면 첫 단계로 계획대상지 전체의 상황을 파악하여 해결해야 할 문제점을 발견하는 작업이 가장 먼저 이루어져야 하며, 다음 단계로 제기된 문제점을 해결하기 위해서는 어떠한 목표를 설정할 것인가 논의하는 것이 계획 진행을 위한 출발점이 될 것이다.

그런데 만약 제기된 요구조건을 잘못 파악하게 되면 그 이후에 이루어지는 목표설정이나 계획, 설계, 시공으로 이어지는 방향이 실제로 추구하고 있는 것과 합치되지 못할 가능성이 커지게 되며, 완성 이후 되돌릴 수 없는 심각한 문제가 발생하게 된다.

따라서 경관계획을 수립할 때도 바람직한 계획수립과 시행을 위해서는 계획이 필요하게 된 이유나 배경 등 기본적인 사항들을 충분히 숙지하고 요구조건을 정리하는 것이 계획추진의 첫 단계가 된다.

정리하자면 경관계획은 우선 경관적 과제를 추출하고 설정하는 것에서부터 시작되어야만 한다.

이 단계에서는 사전에 공공기관(사업자)이 경관상의 문제점을 파악하고 당면과제를 제시하는 경우가 일반적이므로, 우선 대상지역에 주어진 경관적 과제를 명확히 파악하고 숙지하도록 한다.

그 외에 지역주민이나 방문객 등에 의한 경관상의 문제점에 대한 지적과, 계획가가 인지하는 문제점에 대한 통합 정리도 필요하다.

물론 대상지의 경관에 문제가 되는 부분이 발견되지 않거나, 앞으로도 생겨날 가능성이 없다면 경관계획은 필요하지 않을 것이다.

3.3 현황조사 및 분석

1) 대상지의 조사 범위

앞서 추출된 경관 과제를 염두에 두고 사업대상지의 현황조사를 통해 계획대상지의 경관적 특성을 파악하고 경관자원에 대한 추출을 시도한다.

경관에 대한 조사 범위는 대상지 및 구조물이 도입되는 장소(계획대상지)에 한정시켜서는 안 되며, 시각적인 영향력이 미치는 광범위한 구역으로 설정해야 한다. 그 이유는 경관계획의 경우 사업시행으로 인해 조성되는 구조물이나 시설 등으로 인해 생겨나는 영향의 범위가 일반적인 계획보다 넓기 때문이다.

경관계획에서 조사 대상의 범위, 즉 『계획지역』을 어느 정도까지 설정할 것인가에 대해서는,

① 개발영향(Impact)이 시각적으로 영향을 미치게 되는 범위 (그림 13)

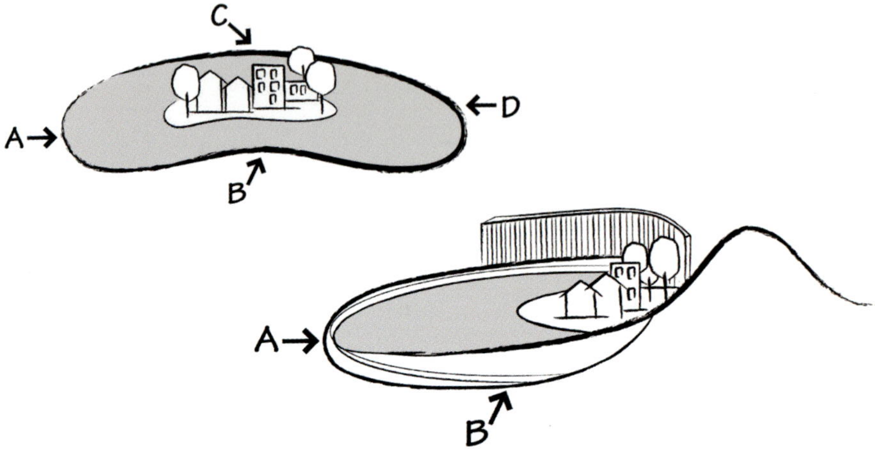

2-13 계획대상지의 시각적 한계 및 가시 상황으로 계획지역을 결정

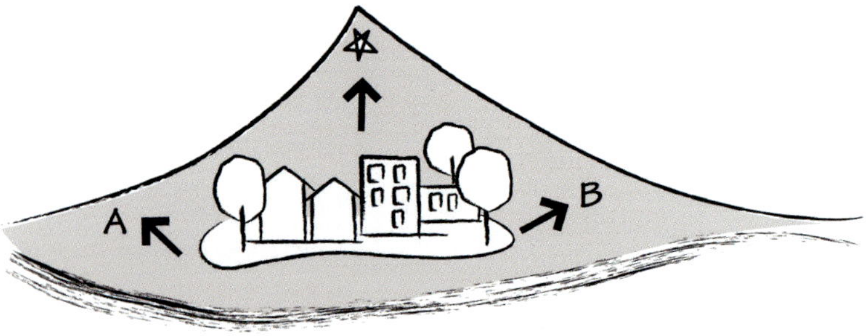

2-14 탁월한 경관요소가 존재하는 경우는 영향권 범위까지

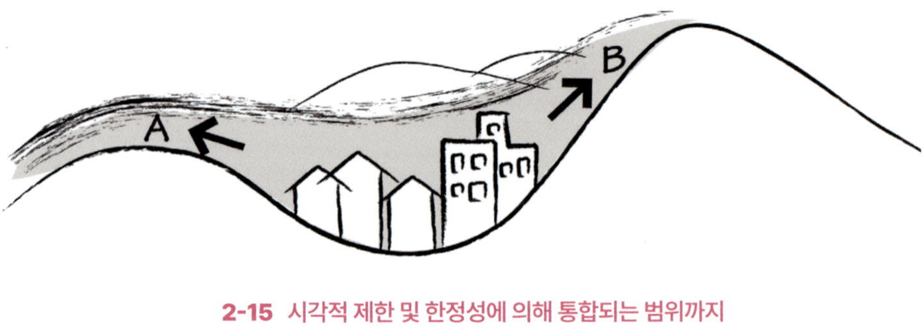

2-15 시각적 제한 및 한정성에 의해 통합되는 범위까지

② 대상지 주변에 탁월한 영향력이 있는 대상(산악 등)이 존재하는 경우, 그 영향이 미치는 범위까지(그림 14)
③ 산 능선 등 시각적인 한정성에 의해 통합되는 범위(그림 15) 등이 있으며, 해당 계획에 적합한 범위를 적정하게 판단하여 선택하도록 한다.

다만 조사 범위를 그 즉시 결정하기 어려운 경우라면 조금 넓은 영역을 선택하고 진행하면서 조사의 영역을 조율하거나 축소시켜가는 것이 좋다.

이와는 반대로 조사 영역을 지나치게 협소하게 설정하게 되면 작업량이 줄어드는 편리함은 있겠으나, 차후 누락 부분이 발견되었을 때 단순히 영역 추가가 아니라 처음부터 다시 조사해야 하는 상황이 발생할 수도 있으므로 신중히 결정하도록 한다.

※『계획대상지』와『계획지역』

『계획대상지』란 계획행위가 이루어지는 공간의 범위를 말한다. 도로건설의 경우를 예로 들면『계획대상지』는 도로의 노선이 예정되어 있는 일정 규모의 공간을 뜻하는 것으로, 계획시설이 배치 또는 직접 영향을 미치는 범위가 된다.

『계획지역』이란『계획대상지』 이외의 공간이기는 하나 경관계획을 수행할 때 반드시 검토 대상이 되어야 하는 범위를 의미한다.
즉『계획대상지』에 포함되지는 않지만 대상지 인근에 위치하는 지역으로 계획에 영향을 미치는 되는 범위가『계획지역』에 해당된다. 인접 지역에 존재하는 주요 경관자원이나 멀리 보이는 랜드마크 또는 기피시설 등을 어떤 방법으로 계획에 반영할 것인지, 나아가 규제, 조절할 것인지가 경관계획에서는 주요한 과제가 된다. 그런 이유로 경관계획에서『계획대상지』를 벗어난『계획지역』이 갖는 의미와 역할은 매우 크다.

2) 자료수집 및 분석 방법

경관계획 대상지에서 이루어지는 현황조사는 그 지역이나 공간에 존재하는 대상지역의 정보만으로 한정시켜서는 안 되며, 경관디자인에 대한 법규 또는 제도상의 제약조건이나 주민 참가의 과제 등 다양한 정보를 수집하여야 한다(1차 정보).

다음 단계로 수집된 정보를 논리적으로 처리하고 분석하는 과정이 필수적으로 이루어져야 한다(2차 정보). 그리고 분석된 정보는 지역의 특성을 검토하면서 복안적인 시야로 편집 통합하는 작업이 요구된다.

이때 대상지역의 정보는 지역별 특성이 유지되면서도 용이한 인식이 가능하도록 분류되어야 하며, 자연 또는 인공요소의 디자인은 획일화시키지 말고 지역성이 포함된 이미지가 연상될 수 있도록 유도하는 작업이 필요하다.

경관디자인은 구조물을 직접 디자인하는 것이 아니라, 구조물과 지역의 환경(자연환경, 역사 문화, 풍토 등의 이용과 활용을 포함)에 의해 구성되는 공간 전체를 디자인하는 것이기 때문이다.

경관계획에서 현황조사는 계획의 한계를 파악하고 계획 방향을 수립하는 데 있어 절대적인 과정이다. 아울러 대상지뿐만 아니라 대상지 주변에 대한 포괄적 조사 역시 필요하다는 것을 재차 강조하고 싶다.

다만 지나치게 자료수집에만 집착하여 과도하게 환경 전반에 관한 광범위하고 세밀한 데이터를 수집하는 행위는, 작업의 효율성을 저하할 뿐 아니라 유효한 데이터를 파악하고 추출하는 작업에 혼란을 가져올 우려가 있으므로 유의한다.

따라서 『계획대상지』에 대한 조사는 미시적인 관점에서, 『계획지역(대상지 주변)』에 대한 조사는 거시적인 관점에서 시행하도록 한다.

과도한 데이터 수집은 유효 데이터를 추출하는데 방해가 된다

대상지에 대한 조사는 기존자료 수집은 물론이거니와 현지를 직접 방문하여 대상지 주변의 환경 그리고 그 장소의 분위기를 파악하는 것도 필수적이다.

그리고 새로운 프로젝트에 관계되는 사람들, 즉 사업시행자, 계획가, 이용자, 지역주민, 관리운영자 등의 요구사항을 정리 분석하는 작업 역시 이루어져야 할 것이다. 필요시에는 설문조사나 인터뷰 등을 시행하여 계획 대상지역이 안고 있는 실제적인 문제점을 파악하는 것도 효과적인 방안이 된다.

아울러 벤치마킹 등 세계 각국의 우수한 경관 사례지 견학을 통해 계획의 구체적인 내용과 방법 그리고 그곳에서 시행되고 있는 활동이나 실행 및 관리 실태 등을 살펴보아 대상 프로젝트에맞는 최적의 실천 방법을 찾아보는 것도 권장할 만하다. 경관이란 일순간에 만드는 것도, 손쉽게 수정하는 것도 가능하지 않기 때문이다.

3.4 기본구상

경관 기본구상은 경관계획 수행을 위한 요구조건, 즉 계획의 전제조건 등을 정리하고 계획테마를 설정하는 것 그리고 과제에 부합하는 목표를 설정하는 단계이다.

프로젝트에 주어진 요구조건의 정리는 단순히 리스트를 작성하는 것을 의미하는 것이 아니라, 그 지역의 배경이나 문맥을 충분히 숙지한 후 경관계획에서 지향해야 할 목표를 찾아내고 규정하는 작업으로 이어져야 한다.

여기서 중요한 것은 이 계획을 통해 '무엇을 달성하고 싶은가(계획목표)', 그리고 그 목표에 도달하기 위해서는 '무엇을 해야 하는가(계획과제)'를 정하는 것이다. 이러한 작업을 통해 다음 단계인 계획 · 설계가 순조롭고 능숙하게 진행될 수 있다.

경관구상에서 특히 중시되어야 할 작업은 대상 프로젝트에서 경관계획을 통해 해결해야만 할 과제가 발견되었느냐 그렇지 못했느냐에 있으며, 그 여부에 따라 계획의 성패가 좌우된다.

무엇을 위해 경관계획을 시행하는가, 바꾸어 말하자면 경관계획을 통해 최종적으로 얻고자 하는 무엇인가가 바로 경관계획의 목표가 될 것이다. 따라서 계획목표는 경관계획가를 포함한 프로젝트 관련자들에 의해 제안되는 것이 바람직하며, 상호조정을 통해 혹은 의사결정에 관한 책임자가 최종적인 결정을 하게 될 것이다.

그리고 이러한 과정을 거쳐 명확한 목표가 정해지고 나면, 프로젝트에 관련된 모든 사람에게 그것을 알리고 공감을 얻는 것이 중요하다. 경관계획의 최종목표를 공유하게 되면 경관디자인 및 실행계획 추진이 원활하게 진행될 수 있기 때문이다.

그러면 이제 경관테마 및 목표설정에 대해 살펴보자.

1) 경관가치의 파악과 경관테마 설정

경관테마의 설정이란 대상지를 어떠한 경관으로 만들어갈 것인가를 결정하는 작업으로, 계획대상지 및 주변 지역의 경관유형과 보유하는 경관가치에 근거하여 정해진다. 큰 틀에서 다음의 세 가지 경우를 생각할 수 있다.

a. 계획대상지에 우수한 경관자원이 이미 존재하는 경우

계획대상지가 국립공원의 수려한 자연, 도시지역의 랜드마크 등과 같이 경관계획 대상지에 우수한 경관가치가 있는 자원이 이미 존재하는 경우이다.

이 경우에는 기존의 탁월한 『주대상』을 경관테마로 설정하고, 새로 도입되는 구조물이나 시설 등을 『주대상』에 종속시키거나 연계되는 이미지를 도입하거나 활용하도록 한다(그림 16).

기존에 존재하는 경관테마를 『주대상』으로 활용하게 되면 그것을 강조 부각시켜 주는 효과가 나타나게 되며, 그 외의 주변 요소는 『주대상』의 영향권 내에 포함됨과 동시에 『주대상』과 연계된 하나의 형태로 완성된다.

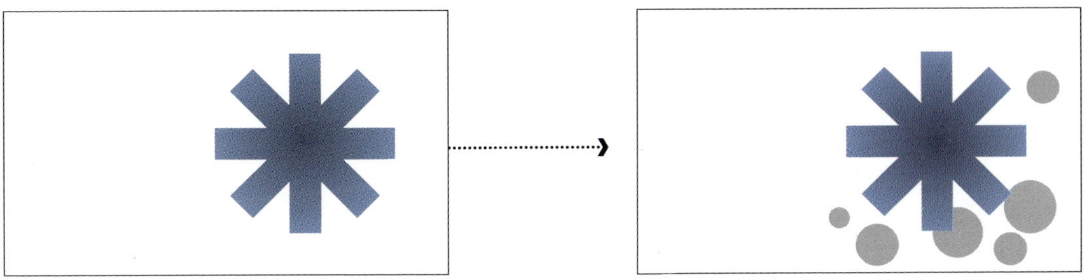

2-16 계획대상지에 우수한 경관자원이 존재하는 경우에는 주대상에 종속시키는 형태로 계획

그림 17의 하단은 미국 데스밸리 국립공원(Death Valley National Park)의 모래사막 지역의 전경이며, 상단은 데스밸리에 있는 퍼나스 크릭(Furnace Creek) 방문자센터이다.

이와 같이 국립공원 내에 부득이하게 인공적인 시설을 도입해야만 하는 경우에는 시설의 규모는 최소한으로 하는 것은 물론이거니와 대상지의 경관테마인 『주대상』에 시설의 형태나 색채, 질감 등을 조화시키는 방식이 바람직하다.

두 사진을 비교해 보면 사막의 이미지를 본뜬 낮은 수평형 건물과 도입된 색채, 소재, 질감 등도 기존의 『주대상』에 종속시키는 방식으로 계획이 이루어져 주변 및 배후 지형과 조화를 이루고 있음을 알 수 있다.

2-17 데스밸리(Death Valley) 국립공원과 사막이라는 주대상에 종속된 형태로 디자인된 방문자센터. 미국

그림 18과 그림 19는 튀르키예 파묵칼레(Pamukkale)로 세계자연유산 및 문화유산이 동시에 지정되어 있는 곳이다. 두 사례 모두 경관대상지의 주요 테마와 연계되는 디자인이 활용되고 있음을 알 수 있다.

그림 18은 석회암 지형이 만들어낸 석회봉(Travertine)의 계단식 반원형 형태가 산책로와 휴게공간의 디자인에 도입된 사례이며, 그림 19는 고대도시 파묵칼레 히에라폴리스(Hierapolis)의 유적 등에서 발견되는 아치형 디자인을 진입부 건축물에 적용하여 경관테마로 일체화한 사례이다.

2-18 주대상인 석회봉 (Travertine)에 종속시키는 디자인이 도입된 산책로. 튀르키예

2-19 고대도시 히에라폴리스 (Hierapolis)의 아치형태가 진입부 건축물 디자인에 도입. 튀르키예

18

19

도시에서도 경관의 주요 테마인 『주대상』에 종속시키는 디자인 방식은 자주 사용된다.

그림 20은 캐나다 토론토(Toronto) 네이던 필립스 광장(Nathan Phillips Square)에서 신시청사를 바라본 것이다.

두 개의 반원형 건물이 서로 마주 보고 있는 지역의 상징물이다. 경관대상지의 『주대상』인 신청사 건물에서 사용된 반원형은 눈썹을 본떠 디자인된 것으로 시민들이 지켜보고 있다는 상징적 의미를 갖는데, 전면 광장에서도 아치 형태의 반원형이 디자인 모티브로 사용되고 있음을 알 수 있다. 주변의 부속 시설물을 『주대상』의 디자인 콘셉트와 일치시킴으로써 상호 연관성이 있는 하나의 경관으로 결합시킨 사례라 할 수 있다.

그림 21은 건축물과 가로시설물에 반복된 디자인을 사용하는 등 『주대상』을 경관테마로 부각해 놓은 참고가 될 만한 사례이다.

20

2-20 토론토(Toronto) 신시청사와 전면 광장의 연계에 의한 통합디자인이 적용된 사례. 캐나다

2-21 리스본(Lisbon) 엑스포에 같은 디자인을 사용하여 주대상을 강조한 사례. 포르투갈

21

b. 유사한 경관자원이 다수 존재하는 경우

계획대상지에 대표성이 있는 경관자원은 존재하지 않으나 유사성을 가진 경관자원이 다수 존재하는 경우이다.

이때는 다수의 경관자원에 동일성을 부여하거나 연계하는 등 그룹화하여 경관테마를 만들어내도록 한다(그림22).

추가로 도입 예정인 구조물이나 시설, 공간 등은 대상지역에 존재하는 경관자원과 동일한 것으로 일치시키거나 유사한 것으로 계획하고 상호 연결하여 통합성을 부여하는 등 연계 조화를 만들어 경관테마로 활용하도록 한다.

그림 23은 노르웨이 베르겐(Bergen) 항구의 모습으로, 삼각지붕의 건축물들이 바다와 면하고 있는 특징적인 배치를 하고 있다. 게다가 산지를 따라 후면으로 배치되는 건축물 역시 동일한 정면 배치와 지붕 형태를 하고 있어, 전후의 건축물이 상호조화를 이루고 있을 뿐 아니라 통일성 있는 통합된 경관을 형성하고 있음을 알 수 있다.

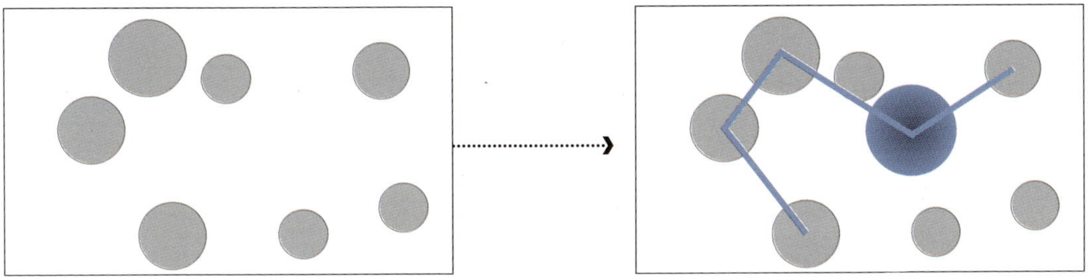

2-22 유사한 경관자원이 다수 존재하는 경우에는, 상호연계로 통합성을 부여하는 계획

2-23 동일 디자인 및 배치를 통해 통합된 경관이 형성된 베르겐(Bergen). 노르웨이

2-24 색채 및 소재를 일치시켜 통합된 경관을 만들어낸 더블린(Dublin) 주택가. 영국

그림 24는 영국 더블린(Dublin)의 가로변에 위치한 건축물들이다. 사진에서 보는 바와 같이 규모 및 형태가 다른 건축물이 늘어서 있더라도 색채 및 소재를 통일시켜 줌으로써 경관 조화 및 통합된 경관테마를 만들어낸 사례이다.

25

2-25 유사한 건축물 형태, 규모, 디자인으로 통합경관을 형성한 마리나 미라지(Marina Mirage). 호주

그림 25는 건축물의 형태 및 디자인을 통일시켜 통합된 경관을 만들어낸 사례로, 호주 브리즈번(Brisbane)의 마리나 미라지(Marina Mirage)의 모습이다.

해안에 위치한 건축물의 형태 및 층간 수평선이 강조된 디자인 그리고 유사 규모의 고층건물이 배치되어 상호 연계 및 통일성이 연출되어 있다.

이 곳에 차후 새로운 건축물 도입이 이루어져야 하는 경우라면, 기존의 지역경관이 보유하고 있는 경관테마, 즉 유사한 형태와 규모의 건축물로 계획한다면 통합된 경관을 완성해 가는데 무리가 없을 것으로 예상되는 사례이다.

c. 특징 있는 경관자원이 존재하지 않는 경우

계획대상지가 경관적으로 평범하여 특징이 보이지 않거나 경관가치가 있는 요소를 발견하기 어려운 경우이다.

이러한 경우라면 계획되는 구조물이나 시설 또는 공간 등을 적극적으로 활용하여 새로운 경관테마를 창조해 내는 적극성이 요구된다(그림 26).

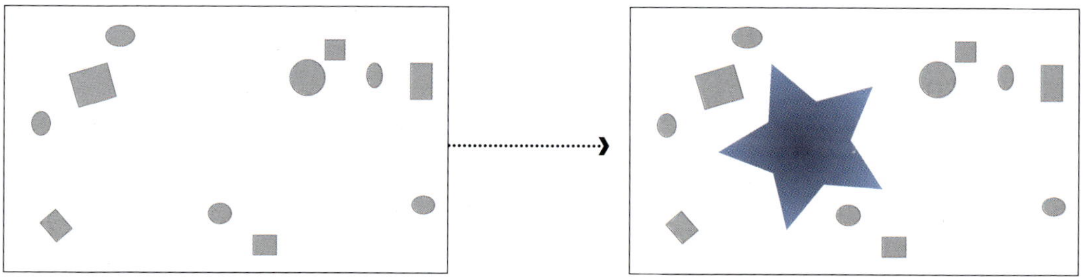

2-26 산만하거나 특징이 보이지 않는 경우에는, 새로운 가치를 만들어내는 계획

2-27 쿠알라룸푸르(Kuala Lumpur)에 초고층 랜드마크를 도입하여 테마를 부여. 말레이시아

그림 27은 말레이시아 쿠알라룸푸르(Kuala Lumpur)의 페트로나스 트윈타워(Petronas Twin Towers)의 모습이다. 평범했던 시가지에 랜드마크가 되는 티타늄 소재의 상징적인 고층빌딩이 들어서면서 새로운 경관테마가 만들어진 대표적 사례이다.

유사한 사례로 그림 28은 프랑스 아를(Arles)의 광장과 접하고 있는 카페 및 상점들이 늘어서 있는 곳이다. 애초에는 평범한 상점들이 자리하고 있는 별다른 특징이 없는 지역이었으나, 빈센트 반 고흐(Vincent Ban Gogh)가 즐겨 찾았던 찻집이라는 의미를 담아 상징적 경관색채인 노란색을 도입하는 방법을 통해 경관테마를 만들어낸 경우이다.

경관테마의 설정은 계획대상지가 어떠한 경관을 기조로 한 것인가를 정확하게 인식하는 것이 중요하다. 이는 앞서 언급했던 네 가지 경관유형(자연경관, 반 자연경관, 반 인공경관, 인공경관) 가운데 어떤 유형에 해당하는지를 파악하는 것부터 시작해야 한다는 의미이기도 하다.

2-28 특정 이미지 및 색채를 부여하여 지역에 새로운 경관테마를 만들어낸 사례. 프랑스

28

2) 경관계획의 목표설정

다음 단계로 경관계획의 목표를 설정하는 경우, 유의해야 할 사항을 살펴보기로 하자.

a. 전제조건의 이해와 판단

목표를 설정하기 위해서는 우선 대상지의 현상 또는 장래에 발생할 것으로 보이는 문제점을 파악하고 그것들에 대한 정리 분석이 이루어져야 한다. 그러나 실제로는 기능면에서의 요구가 경관계획의 전제조건으로서 주어지는 경우가 대다수이다.

전제조건으로 주어지는 과제 그 자체에 대한 적절함(좋음) 또는 부적절함(나쁨)에 대한 근원적 문제는 사업 주체인 공공기관이나 사업자에 의해 정해지는 것으로, 사실 계획가 능력 밖의 문제이기는 하다. 그렇다고 해서 대상사업에 주어진 전제조건에 문제가 발생되리라 예상됨에도 불구하고, 제시된 조건을 그대로를 따라가는 것은 경관계획가로서 무책임한 행위가 될 것이다.

따라서 주어진 전제조건을 수용하는 것을 원칙으로 하되, 문제 발생의 소지가 명백하다고 판단될 때는 사업시행자와 협의하여 목표 재검토나 재설정을 시도하는 것 또한 경관계획가가 담당해야 할 주요한 역할이자 갖추어야 할 덕목이라 생각한다.

b. 목표설정 제시에 대한 기준

경관계획에서 목표설정은 명확하게 제시하되, 구현을 위한 시행 방안은 다양한 관점에서 제안되고 추진되어야 한다.

기능계획을 수립하는 경우라면 비교적 이 부분에 대한 어려움은 적다. 도로를 계획하는 경우라면 '시간당 몇 대의 통과 교통량을 목표로 하는' 등과 같이 대부분 정량적인 기준 설정이 가능하기 때문이다. 그러나 경관계획과 같이 목표설정이 정성적일 수밖에 없는 경우에는 그 구체성을 어디까지 표현할 것인가 정하는 것은 매우 어려운 문제이다.

가로경관을 정비하는 경우를 예로 들어 생각해 보자.

대상지역에서 가로경관계획의 목표를 '아름답고 쾌적하며 아울러 걷기 쉽고 안전한' 등으로 설정했다고 하자. 이러한 경관계획의 목표는 부적절하다고 보아야 한다. 그 이유는 계획의 목표가 지나치게 보편적, 추상적이기 때문에 마치 아무것도 정하지 않은 것과 같기 때문이다.

반대로 '우리 지역의 가로경관계획의 목표는 은행나무 가로수를 6m 간격으로 심고, 보행로의 포장은 적색으로 하고, 건축선을 맞춰 통일감을 연출하도록 한다'로 정했다고 하자. 이 경우 역시 실격이다. 이렇게 상세한 수법과 수치가 나타난 계획목표는 지나치게 구체적이며 한정적이어서 경관을 구성하는 요소 간의 상호조정이 불가능 하기 때문이다. 이는 경관이란 생명이 있는 그래서 늘 변화하는 환경이라는 중요한 측면을 간과하여 나타난 결과이다.

다만 아쉽게도 경관계획의 목표설정에 대해 정해진 모범답안은 없다. 그러나 현재 통용되고 있는 가장 현실적인 방안은 '정해진 목표를 달성하기 위해 복수의 대체 수단을 생각하고 준비할 수 있는 정도의 구체성이 표현된 목표설정' 정도가 적합한 것이라 하겠다.

그렇다면 바람직한 목표설정 제시에 대한 기준을 예로 들어보자. '악천후에도 보행자에 대한 최소한의 피난처(Shelter)를 마련하여 가로경관의 쾌적성을 보장하도록 한다'고 하는 것을 하나의 목표로 설정했다고 하자. 이 목표를 실현하기 위해서는 여러 가지 수단을 생각할 수 있을 것이다.

가로선형의 대안 검토를 통해 방풍대책을 마련한다거나, 아케이드 설치를 통해 강우 및 강한 햇빛으로부터 보호한다거나, 풍성한 가로수를 심어 그늘지는 공간을 만들어주거나, 도로시설물, 간판 정비, 건축선 규제 등을 통해 여유 있는 보행공간을 확보토록 하는 등 다양한 계획 방법을 고안해 내고 검토하는 것이 가능할 것이다.

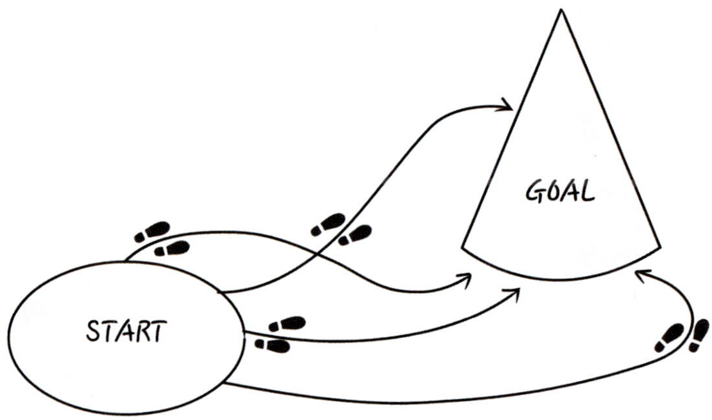

2-29 목표에 도달하기 위한 수단과 방법은 유동적 태도나 접근이 바람직

결론적으로 설정된 목표는 명확해야 하지만 이러한 목표를 달성하기 위한 시행 방안은 여러 각도에서 다양하게 찾아내고 제안할 수 있는, 즉 목표에 도달하기 위한 수단과 방법은 유동적이며 비 확정적인 형태가 바람직하다.

그리고 그리해야 하는 또 하나의 중요한 이유는 비록 다른 지역, 다른 프로젝트에서 최종목표가 일치하는 경우가 발생하더라도, 목표에 이르는 수단과 방법이 다르다면 지역 고유의 특성이 반영된 경관이 마련될 수 있기 때문이다.

3.5 경관디자인 (계획+설계)

경관디자인은 정해진 목표에 맞추어 작업해야 할 내용을 정하는 것 그리고 계획을 진행시키기 위한 순서 및 체계를 수립하는 과정이다.

경관디자인은 프로젝트에 따라 다소 차이가 있으나, 일반적으로 4단계로 나누어 진행된다.

① 계획대상지의 지역구분(경관대상지의 분절, 구역 나누기, 성격 부여)

② 경관 구성요소의 배치(시설 배치, 시점이나 동선의 설정)

③ 경관대상의 구조형식 선택 및 형태(형, 규모, 재료, 색채 등)의 결정

④ 경관의 보완 및 개선 작업

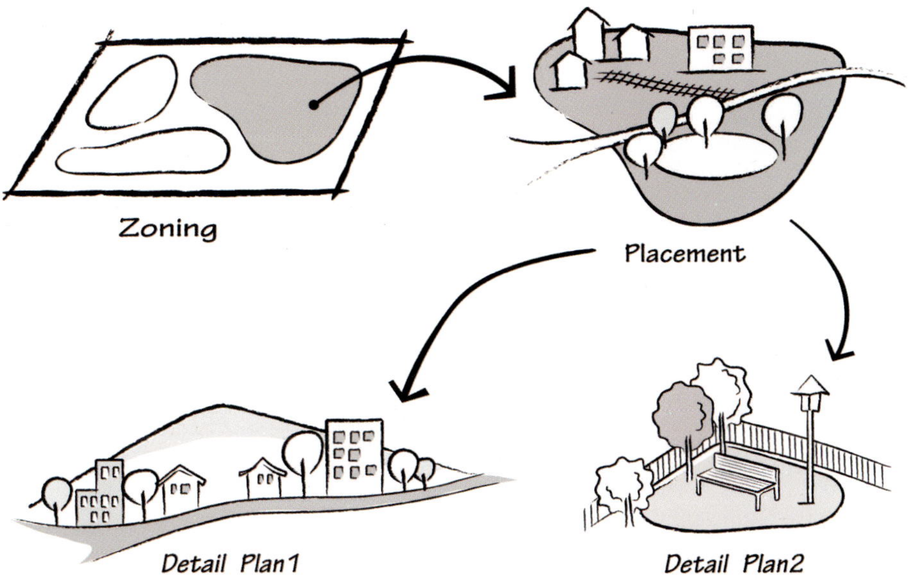

2-30 경관디자인 진행 1. 지역구분 – 배치 – 형식 선택 및 형태 결정

경관디자인 작업은 ①에서 ④의 순서로 이루어지는 것이 일반적이다.

따라서 경관계획에서는 계획대상지의 지역구분(Zoning)이나 주요 경관 구성요소의 배치(Placement) 등이 주요 계획 내용이 될 것이다.

그리고 계획이 구체화 되어 감에 따라 도입되는 구조물이나 시설의 형식, 형태, 색채, 재료 등에 대한 결정(Detail Plan)과 경관의 보완, 관계 조정, 연출 등을 통한 개선작업(Supplement Plan)이 점차 큰 비중을 차지하게 되는데 이는 경관설계에 해당하는 작업 내용이다.

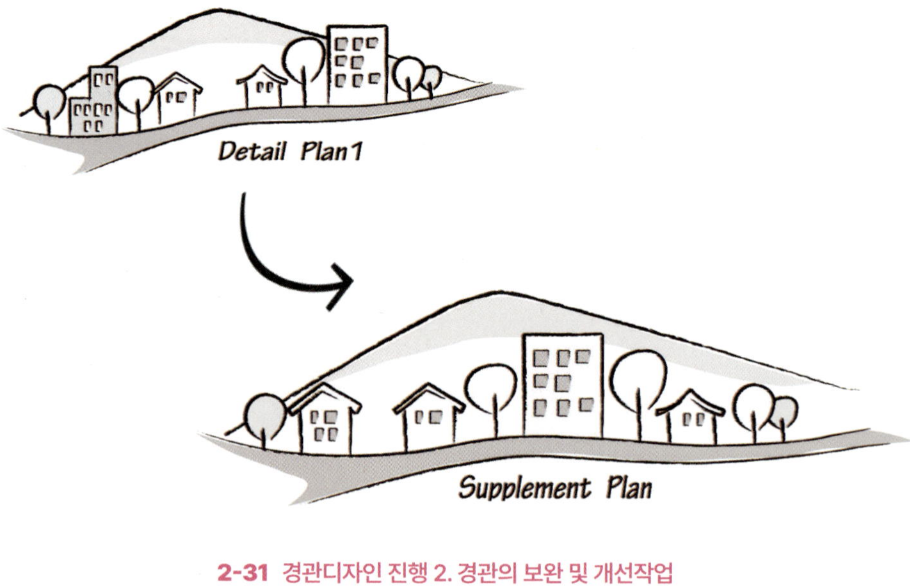

2-31 경관디자인 진행 2. 경관의 보완 및 개선작업

1) 계획대상지의 지역구분(Zoning)

계획대상지의 지역구분은 그 자체가 계획의 결과물이 되는 경우와, 지역구분 이후 진행되는 계획작업의 기본도(base map)가 되는 두 가지 경우를 생각할 수 있다.

전자는 경관 가치가 매우 높은 지역(주로 자연경관) 또는 이미 아름다운 경관이 형성되어 있는 지역(주로 인공경관)에서 이루어지는, 대부분 현상의 유지와 보전 그리고 관리의 효율성 도모를 목적으로 하는 조닝을 의미한다.

구체적으로는 경관적으로 보존, 보호해야 할 지역의 범위와 경계 등을 정해야 하는 경우이다. 특히 생태적으로 보존해야 할 가치가 높은 자연경관 지역에 인공시설을 도입해야 하는 경우가 이에 해당한다.

예를 들면, 자연경관 지역 내에서 절대적으로 보호가 필요한 Zone과, 인공시설의 도입이 허용 가능한 Zone을 파악할 필요가 있는 경우, 대상지를 구분하는 조닝 작업은 앞으로 진행될 계획 전반에 절대적인 영향을 미치는 계획 내용이자 주요한 결과물이 된다.

후자는 우리가 일반적으로 진행하는 경관계획에 해당한다.
구체적인 지역구분의 기준은 다음과 같다.

a. 경관대상지의 경관자원 특성에 따른 지역구분

경관대상지를 대략 구분하거나, 대상 영역이 광범위한 경우 1차적으로 지역을 나누어 보기에 유효한 방법이다.

지역구분의 방법으로는,

① 대상지역에 존재하는 탁월한 요소에 의한 경우
(산악, 전원, 하천경관 등)
② 토지이용에 의한 경우(경작지경관, 촌락경관)
③ 지형지세에 의한 경우(평야, 구릉, 산악 등)
④ 식생에 의한 경우(자연식생, 대체식생 등) 등을 생각할 수 있다.

b. 「시점」과 경관대상과의 관계에 의한 지역구분(Zoning)

경관을 사람의 가시범위, 빈도 등 『시점』과 경관대상과의 관계에 근거하여 지역을 구분하는 방법이다. 대상지역이 중 · 소규모인 경우나 면밀한 분석을 통해 계획지역을 구분하고 구체적인 계획으로 이어져야 하는 경우에 사용된다.

지역을 ① 보이는 빈도에 의한 경우와 ② 『주대상』의 영향력에 의한 경우로 구분하는 방식이다.

① 보이는 빈도에 의한 지역구분

보이는 빈도에 의한 지역구분(Zoning), 대상지에 대한 가시권 분석을 시행하고 가시빈도(피시빈도, 被視頻度, Visibility Frequency)를 지표로 하는 조닝을 말한다.

가시권 분석을 위해서는 우선 대상지역의 범위를 설정하고, 수치지도를 이용하여 3차원 수치지형모델(Digital Elevation Modeling)을 작성한다. 물론 대상지의 크기 및 분석 범위에 따라 작성하는 메시(Mesh)의 크기는 달라진다.

통상적으로는 원경일 때 50~100m, 근경이나 중경 위주일 경우에는 20m의 격자나 불규칙 삼각망(TIN, Triangulated Irregular Network)을 이용하여 제작한다.

다음에는 주요 조망점을 선정하고, 작성한 수치지형도를 이용하여 각 조망점에서 대상지역이 보이는지 아닌지(가시 또는 비가시)를 컴퓨터를 이용하여 판단토록 한다.

계획 초기인 지역구분(Zoning)의 단계에서 가시권 분석과 가시빈도에 의한 검토는 대상지의 개방성이나 폐쇄성을 판단하는 기준이 되기도 한다. 그리고 새로운 시설이 들어갈 위치를 선정하거나, 역으로 새로운 시설이 들어가서는 안 될 지역을 선정하는 데 매우 유용한 방법이 된다.

2-32 3차원 수치 지형 모델을 이용, 특정 조망점에서 가시권 분석을 시행. 전남 목포시

예를 들면, 전망시설이 들어갈 지역을 결정한다거나, 우수한 도시경관 지역이 한순간에 연출될 수 있는 진입도로의 위치를 조사하고 싶다거나, 기피시설이 설치되어도 그다지 눈에 뜨이지 않는 영역을 찾아보고 싶다거나 하는 경우가 이에 해당된다고 하겠다(가시권 분석에 대해서는 2장 4-3 참조).

② 『주대상』의 영향력에 의한 지역구분

『주대상』이 보이는 방법, 즉 경관적 영향력에 의한 지역구분(Zoning)의 예로는 기피시설로 간주되는 화력발전소, 용광로, 저장탱크, 송전탑 같은 전력시설이 존재하는 경우를 생각할 수 있다.

2-33 레즈노(Fresno) 인근 송전탑으로, 이격거리 확보가 필요해 보이는 배치. 미국
2-34 수변을 마주하고 배치된 기피시설의 경우, 경관적 영향력은 더 강조됨. 영국

그러한 시설들은 규모가 크고 수직적 성향이 강한 특징이 있다. 특히 기피시설인 경우 시설 주변에 일정 거리를 확보한 상태로 조성되는 경우가 많기 때문에 역으로 눈에 잘 뜨이게 되는 현상이 나타나는 것은 당연한 일일 것이다.

그러므로 긍정적이든 부정적이든 『주대상』이 갖게 되는 경관적 영향력이 커지게 되리라는 것은 예측가능한 상황이다. 물론 지역을 상징하는 랜드마크와 같은 경관요소인 경우도 경관적 영향력에 대한 판단기준은 동일하다.

이러한 경관요소가 존재하는 프로젝트에서의 조닝은, 『시점』과 『주대상』과의 관계 검토가 계획에 영향을 미치는 결정적인 요소로 작용하게 된다(그림33, 34).

즉 주요한 『시점』이나 주요 접근 및 이동동선에서 『주대상』이 어떻게 보이느냐, 이격거리(離隔距離)가 어느 정도 되는가, 어느 지역에서 바라보게 되는지(조망 방향)에 따라 대상지역에 미치는 영향이 달라진다. 따라서 그에 따른 조닝을 먼저 시행한 후, 영향력을 검토하고 경관디자인을 진행하여야 할 것이다.

그림 35는 『시점』과 『주대상』의 관계를 살펴본 것이다.

상단의 그림은 『시점』 및 『시점장』의 위치영역에 따라 달라지는 『주대상』의 영향력 정도를 나타낸 것이며, 하단의 사진은 시점의 위치변화에 따른 주대상의 변화를 대응시켜 본 것이다.

그림 35의 좌측 사진은 경관의 저해요소로 작용하는 송전탑을 가까운 거리에서 바라본 것이며, 우측 사진은 송전탑을 먼 거리에서 바라보는 경우이다.

35

2-35 주대상이 경관에 미치는 영향력은 시거리에 따라 달라지므로 지역구분(Zoning)의 근거가 됨. 좌측 사진의 송전탑에 비해 우측 사진에 나타난 송전탑의 경관 저해요소로서의 영향력은 극히 미약해 보임. 조닝을 통한 시거리 확보로 주대상의 영향력을 완화시킨 바람직한 사례. 오스트리아

세 장의 사진을 비교해 보면 『주대상』이 되는 송전탑과 『시점』 사이의 거리(시거리, 사진촬영장소)가 가까우면 『주대상』이 주변 경관에 미치는 영향력은 강한 것으로 보인다.

그러나 이와는 다르게 시거리가 커지게 되면 그 영향력은 점차 약해지는 것을 확인할 수 있다. 특히 우측 사진의 송전탑은 존재 자체를 인식하기 어려운 상태로, 송전탑은 『주대상』이 아닌

경관의 일부 구성요소가 되는 등『대상장』으로 바뀌는 현상을 확인할 수 있다. 이는『시점』의 위치선정이 때로는『주대상』의 이미지 및 경관 구성요소로서의 역할을 바꾸어버리기도 한다는 사실을 입증하는 것이기도 하다.

그림 35의 우측 사진은 경관저해요소로 작용하기 쉬운 송전탑을 그 지역을 통과하는 도로, 즉 공적인『시점』이 확보되는 위치에서 바라본 것이다.

그림에서 확인되듯이『시점』과 송전탑 사이의 거리를 대상의 인지한계에 따라 시거리 영역을 구분하여 시설을 배치함으로의 경관 영향력을 최소화한 바람직한 경관디자인 사례라 하겠다.

이상에서 살펴본 바와 같이,『시점』과『주대상』과의 시거리에 따라 대상의 경관 영향력은 달라지게 된다. 그러므로 경관대상의 인지 거리에 따른 영역 구분과 그에 따른 활용 방안을 모색하는 것은 경관디자인의 기본적이자 필수적인 기법이 된다고 하겠다.

c. 시각적 한정성에 의한 지역구분(Zoning)

시각적 한정성에 의한 지역구분이란, 가시범위, 즉 인지한계를 근거로 하는 조닝(Zoning) 기법이다. 간단히 표현하자면 시점에서 대상까지의 거리 및 차폐 유무 등의 상황 여건에 따라 지역을 구분하는 방식으로, 비교적 근 · 중경에서 많이 활용된다.

이처럼 경관계획에서는 인간의 시점과 대상과의 거리가 지역구분(Zoning)의 주요 기준으로 사용된다. 아울러 경관특성 파악이 가능한 범위를 정하거나, 흥미와 개성을 부여하는 등의 계획작업 특히 도입되는 시설의 공간 규모를 정하거나 특정 구조물의 위치를 결정하는 데 매우 중요한 기준으로 활용된다.

그러면 시거리 및 한계영역에 따른 시거리 분할에 대해 살펴보기로 하자.

① 시거리 (Visual Distance, 視距離)

우리가 어떤 대상을 바라볼 때 대상이 가지고 있는 본연의 속성, 즉 물리적 크기, 형태, 질감, 색채 등은 대상의 이미지를 결정하는 주요한 요소로 작용한다.

그런데 경관에서는 대상 그 자체보다는 주변 환경을 구성하는 경관요소로써 표현되는 모습이 더 중요하다. 따라서 우리가 경관대상을 바라볼 때 어느 정도 떨어진 거리에서 대상을 바라보는가, 또 주변의 상황이 어떠한가는 대상을 인지하는 주요 요인으로 작용하게 된다.

이와 같이 대상과 인간의 시점과의 거리를 경관분야에서는 시거리(Visual Distance)라 정의하며, 대상이 보이는 정도나 상태를 좌우하는 중요한 기준으로 사용하고 있다. 경관대상지에서 대상(구조물이나 시설 등)의 존재는 이러한 시거리에 따라 인지정도나 이미지가 달라지므로 경관을 디자인하는 경우 반드시 고려해야 할 검토 항목이다.

예를 들어, 지역에 존재하고 있는 랜드마크의 특징이 잘 인지될 수 있는 장소의 위치와 규모를 시거리 기준을 적용하여 경관대상지나 도입대상을 선정한다거나, 반대로 그 지역의 주요 장소에서 잘 보이는 지점이 어디인가를 찾아서 그곳에 랜드마크를 위치하게 하는 방식으로의 활용도 가능하다.

게다가 어떤 장소나 시설의 전체적인 모습을 멀리서 바라보는 것은 바람직하나 가까운 거리에서 보이는 디테일 한 모습은 보이고 싶지 않은 경우라면 시거리의 검토 및 조정을 통해 최상의 연출을 할 수도 있다.

관련하여 기피해야 할 대상이 어쩔 수 없이 도입되어야 하는 경우라면, 시설의 내용이나 디테일이 인지되지 않는 정도의 시거리를 확보하여 특정거리 이하로 사람들이 접근하는 것을 막아주는 것도 좋다.

이는 경관분석모델에서 다루었던 『시점』과 『주대상』의 거리 조작을 통해 얻어낼 수 있는 효과적인 관계디자인이자 경관디자인 기법이 될 것이다.

② 대상의 인지도에 따른 시거리 기준

물론 시거리는 상대적인 것이므로 경관의 규모(Scale)나 주어진 조건, 주변 상황 등에 따라 그 수치가 달라진다.

그리고 상대적 개념이기는 하나 계획에 활용되는 대표적인 시거리 기준을 적용하되, 인간과 수목을 대상으로 인지한계에 따른 시거리 분할을 제시한 것이 그림 36이다.[2)]

그림 36 상단의 그림은 인간을 대상으로 한 시거리 한계를 나타낸 것으로, 대상이 보이는 인지되는 거리에 대한 휴먼스케일 이론이다.

사람의 표정을 구별할 수 있는 최대 거리는 12m(40 feet)이며, 상대가 누구인지 얼굴을 인식할 수 있는 거리는 24m(80 feet), 사람의 동작을 구별할 수 있는 거리는 135m, 그리고 인간의 존재 여부를 인지할 수 있는 한계거리는 1,200m이다. 따라서 이와 같이 인간의 휴먼스케일에 근거한 인지거리에 따라 계획대상이 되는 지역을 구분하고 시설을 도입 또는 활용하여야 객관적이고 합리적인 경관디자인이 가능하다 하겠다.

그림 36 하단의 그림은 수목을 대상으로 한 시거리 한계를 나타낸 것으로, 수목의 형태나 질감 등 인식 정도에 따라 인지영역을 나누어본 것이다.

사람이 수목 등 자연환경을 바라보는 경우에, 대상이 어느 정도 거리까지 보이는지 또 어떻게 인지되는지에 따라 근경역(近景域), 중경역(中景域), 원경역(遠景域)으로 나누어진다.

근경역(近景域)은 단독 수목에 대한 인식이 가능한 영역이다.

수관 6~8m 정도의 교목(도로변 가로수 규모)을 기준으로 했을 때, 수목 한 그루 한 그루의 형태, 잎, 줄기, 가지 등 수목의 특징을 인지할 수 있는 범위이다.

통용되는 근경역의 범위는 시점에서부터 약 340~450m 정도 떨어진 거리까지이다.

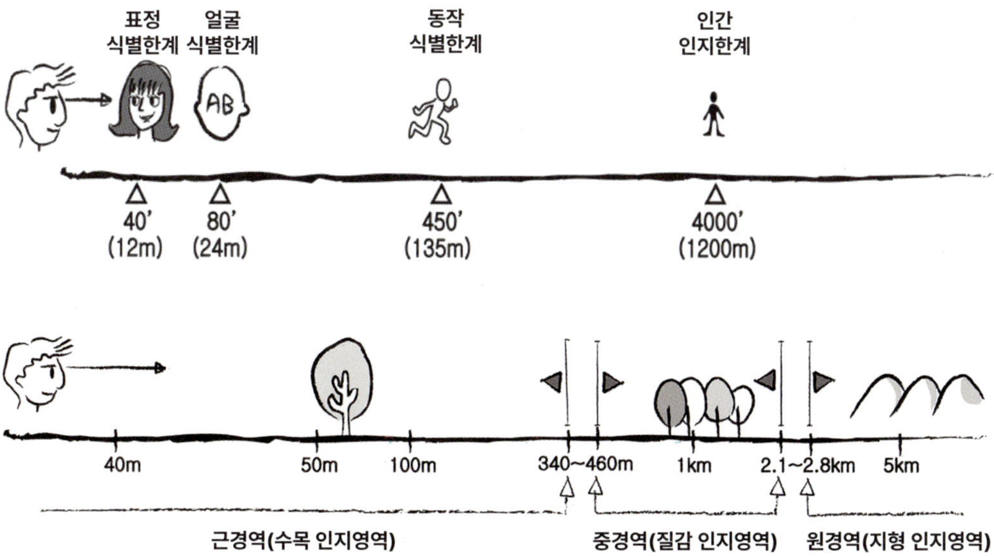

2-36 대상의 인지한계에 따른 시거리의 분할

- **상단 : 인간을 대상으로 한 시거리 한계. 거리에 대한 휴먼스케일에 기준함**
- **하단 : 수목을 대상으로 한 시거리 한계. 경관 이미지 및 수목 효과의 영향은 약 3.0km까지**

그러나 근경역의 범위 안에서도 수목의 잎, 수피 등 디테일이 보이는 인접영역과 수목의 형태 등 수관이 인지되는 거리영역에는 차이가 있다.

중경역(中景域)은 수목군의 질감이 인식되는 0.5~2.1㎞까지의 범위이다.

이 영역에서는 수목 하나하나의 개별적인 형태가 인식되는 것이 아니라, 숲 및 수목군의 질감 단위가 인지되는 거리이다. 예를 들면, 활엽수와 침엽수에서 느껴지는 숲의 이미지가 질감 차이로 인식되는 거리라 이해하면 될 것이다.

원경역(遠景域)은 지형적인 경계가 인식되는 2.8㎞에서 약 5~10㎞까지의 거리로, 주어진 환경조건과 시정(視程) 상태에 따라 확대 또는 축소가 가능한 영역이다.

수목의 형태나 질감에 대한 인식은 불가능하며, 수목군의 분포 위치나 능선 등 지형의 경계 또는 윤곽선 형태로의 인식만이 가능한 영역이다.

2) 경관 구성요소의 배치

일반계획에서 배치란 시설을 적당한 자리나 위치에 두는 것, 즉 위치선정을 의미한다. 그러나 경관계획에서 배치란 『시설의 위치선정』은 물론이거니와 『시점의 위치선정』까지 포함하는 개념이다. 그리고 경관계획에서는 시설의 위치보다 시점의 위치와 시점의 이동을 고려한 배치가 더 중요하다.

경관 구성요소의 배치에서는 다음의 두 가지를 검토하여야 한다.
① 주요 시점과 계획시설과의 관계
② 계획시설과 주변(인접) 경관대상과의 관계

a. 『시점』 및 『주대상』의 배치계획

점적인 형태의 대표적인 『시점』으로는 전망대, 광장, 역이나 터미널 등 많은 사람이 모이고 정체하는 장소, 도시로 진입하는 게이트 등이 해당된다.

선적인 시점으로는 연속적 경관이 연출되는 장소로, 도로나 공원 및 하천, 해안가 등의 산책로를 생각할 수 있다.

경관계획에서 경관의 『주대상』이 되는 대표적인 예로는 그 지역을 대표하는 산이나 강, 바다 등을 들 수 있다. 그런데 너무도 당연한 사실이지만 이러한 요소들은 자연환경 및 경관의 구성요소로 보고, 그것들의 위치를 임의로 배치하는 등 조작에는 한계가 있으며 불가능한 경우도 많다.

하지만 『주대상』을 바라보는 『시점』의 위치를 조작하여 『주대상』의 배치나 형태를 변화시키는 것은 가능하다.

한편 직접 조작이 가능한 『주대상』의 배치계획으로는 랜드마크나 교량, 상징적인 대형 구조물이나 건축물 등의 위치선정을 생각할 수 있다.

지역의 대표 공원이나 녹지 등의 공공시설, 항만과 하천에 늘어서는 건축물군도 주요한 경관대상이므로 충분한 검토를 거친 배치가 이루어져야 할 것이다. 특히 경관에 시각적, 심리적으로 악영향을 미치는 기피시설을 도입함에 있어서는 위치선정이 매우 중요하므로 『시점』과 대상물 등의 배치 관계에 세심한 검토가 필요할 것이다.

b. 도입시설의 배치 검토

경관계획에서 자주 거론되는 경관 구성요소의 배치 사례를 살펴보자.

그림 37은 해안지역에 경관 구성요소의 하나인 건축물을 다양하게 배치해 본 모의 예시이다.

본 예시는 자연경관지역 및 해안지역에서 경관의 훼손 가능성이 높다고 거론되는 스카이라인(Skyline), 수변선, 곶(Cape, Headland)을 대상으로, 지형변화가 나타나는 변곡점이나 결절점 등 풍경의 초점(焦點, Focus)과 같은 부분에 가상건축물을 임의로 배치하고, 건축물의 도입 위치에 따라 기존경관에 미치는 영향을 검토해 보고자 작성한 것이다.

이에 관련해서는 스카이라인과 건물 위치와의 관계 및 영향에 대해 설문조사나 심리분석을 시행하는 등의 연구가 지금까지 빈번히 이루어져 왔으며, 어느 정도의 이론은 정착되었다고 생각한다.

그 성과의 하나로 환경영향평가의 자연경관심의, 산지경관심의 과정에서 제시하고 있는 주요 점검 항목을 보면, 건축물 및 구조물 등에 의한 스카이라인의 침해 여부, 산림경관의 보존, 임연부(林緣部, 숲 가장자리)의 처리, 해안선 등 수경관과의 조화 등에 관한 고려 등의 내용이 명시되어 있다.

그러면 경관관리가 필요한 해안지역에서 시설 배치에 따라 경관에 미치는 영향을 그림 37의 예시를 통해 살펴보기로 하자. 이 모의 예시는 자연경관지역에 인공시설이 도입되는 경우에 고려해야 할 대상의 위치 및 규모 등의 결정, 즉 시설 배치와 시점과의 관계를 검토하고 계획 방향을 설정하는데 참고가 될 것이다.

그림 37의 첫 번째는 사진은 모의 사례지 원형으로, 시설 도입 이전의 자연경관이다.

그리고 그림 37의 a는 바다와 접하고 있는 돌출지형의 선단부인 곳에 인공적인 구조물, 즉 건축물을 배치하는 경우, 기존경관에 미치는 영향을 살펴본 것이다.

제시된 도입시설의 위치 1과 2에 건축물이 도입되는 경우 모두에서 기존지형 특히 수면과 접하는 기존 자연지형의 라인을 크게 훼손시키는 것으로 나타난다. 따라서 원칙적으로는 이 선단부에 인공적인 시설을 배치하는 계획은 지양해야 할 것이다.

모의 사례지
원지형

a.
돌출된 곳에
건축물 배치

b.
스카이라인
침범하여
건축물 배치

c.
스카이라인 및
내륙 안쪽에
건축물 배치

2-37 도입시설의 배치 위치에 따른 경관영향을 살펴보기 위한 모의 예시

다만 최선단에 해당하는 위치 1의 경우는 이질적인 요소의 도입이 시선을 집중시키는 반면, 위치 2의 경우는 배후에 중첩되어 보이는 산지로 인해 인공적인 요소가 완화되어 시선을 집중시키는 효과는 다소 저하되는 것을 알 수 있다.

만약 해당 지역에 시설이 도입되어야만 하는 상황이라면, 1과 같은 배치는 경관훼손이 심각하므로 적극 삼가야 할 것이다. 그리고 차선책으로 2의 위치에 시설을 배치한다면 경관훼손을 다소나마 저감 시킬 수 있는 방안이 되겠다.

그림 37의 b는 스카이라인 보존 및 관리에 대한 영향을 검토한 것이다.

그림 b에 제시한 위치 3, 4, 5 모두 기존 스카이라인을 침범하는 바람직하지 못한 배치 사례이다. 다만 이 경우에도 풍경의 초점에 해당하는 돌출 선단부에 가까울수록 경관훼손에 대한 영향력이 커지는 것을 알 수 있다.

이처럼 심각한 스카이라인 훼손이 예상되는 경우라면 배후에 보이는 스카이라인의 연장선 또는 평행하는 선형을 유지하는 형태로 계획하거나 최소한의 규모로 도입하는 것이 경관훼손을 그나마 줄일 수 있는 방안이 되겠다. 다만 스카이라인의 훼손은 극력 지양할 것을 권장한다.

여기서 그림 37-b의 4번 위치의 건축물과 그림 37-c의 7번 위치의 건축물 배치를 비교해 보자.

두 경우 모두 산 능선에 건축물이 배치되어 있으며 게다가 스카이라인을 훼손하고 있다는 점에서는 동일하다. 그런데 도입된 건축물의 규모(높이)가 다르다는 차이가 있다. 그리고 두 건축물의 높이 차이로 인해 배후 산의 스카이라인이 침범당하기도 또는 범위 내에 들어가기도 하는 등 배후 자연경관의 훼손 정도가 달라진다는 사실을 알 수 있다.

4번과 7번의 예시 비교에서는, 경관대상지에 도입되는 시설의 배치뿐 아니라 규모의 조정을 통해서도 주변 경관에 대한 영향력을 조절할 수 있다는 사실이 확인되었다.

그림 37의 c는 스카이라인 및 지형 선단의 돌출부(곶), 초점 등을 피해 건축물을 배치한 예시이다.

기존 스카이라인은 유지되고 있으며, 풍경의 초점지역에 대한 훼손도 이루어지지 않아 새로운 시설 도입으로 인한 경관훼손에 대한 우려는 적을 것으로 보인다. 따라서 시설을 도입하고 배치함에 있어 주변과의 관계를 고려한 위치선정과 규모 조정 그리고 지역에 맞는 경관관리의 쟁점사항에 대한 면밀한 검토 여부는 경관계획 및 관리에 매우 중요한 부분이 된다.

그러나 이와 같은 위치에 건축물이나 시설을 배치하고 있는 경우라 하더라도, 주변 경관과 조화되기 어려운 형태를 사용한다거나, 부적절한 색채 또는 재료 사용 등으로 인해 이질감이 두드러지게 되면 더 심각한 경관훼손이 발생할 가능성도 있다.

따라서 우선 큰 틀에서의 배치 범위를 선정한 후, 시설의 규모, 형태, 색채, 질감 등을 적용해 가면서 검토 조정하는 순서로 경관디자인이 진행되어야 할 것이다.

c. 경관 구성요소의 배치 사례

경관 구성요소의 배치에 관련된 실제 사례를 살펴보기로 하자. 그림 38은 이탈리아 나폴리의 카프리(Capri)섬이다.

천혜의 자연경관 보전을 위해 바다 쪽으로 돌출된 곶과 스카이라인은 철저히 보호되고 있는 등 시설물의 배치계획이 돋보이는 바람직한 사례이다.

유사한 예로 그림 39는 크로아티아 스크라딘(Skradin) 해협에 자리한 마을을 크르카(Krka) 휴게소에서 내려다본 전경이다.

해양경관이 조망되는 위치로 수면과 접하는 다수의 돌출지형, 즉 철형(凸) 곶에는 어떠한 인공구조물의 침범도 없이 자연 그대로 보존되고 있는 것을 알 수 있다.

게다가 안쪽으로 들어간 요형(凹) 부분의 지형에는 건축물이나 요트 선착장 등을 배치함으로써 필요 기능은 충족시키면서도 기존 경관과의 조화를 얻어내고 있다. 이러한 노력을 통해 크로아티아의 아름다운 경관이 완성된 것이 아닐까 생각한다.

2-38 경관보전을 위한 시설배치가 돋보이는 카프리(Capri) 섬. 곶을 철저히 보전. 크로아티아

2-39 凸형 곶은 시선을 끄는 경관대상으로, 자연 그대로 보전된 스크라딘(Skradin) 해협. 크로아티아

그림 40과 그림 41은 지형의 첨단 돌출부인 곶을 침범하지 않고 기존 경관을 고려하여 내륙 안쪽으로 건축물을 배치한 사례이기는 하다.

그림 40은 일본 아사무시(淺蟲) 해안지역으로 사람들의 이목을 끄는 암석 및 곶을 피해 내륙 쪽으로 건축물이 배치되어 있기는 하나, 자연지형의 변곡부를 침범하고 있어 다소 쉬움이 남는 위치선정이다. 다만 주어진 여건상 해당 지역에 반드시 건축물이 도입되어야 하는 경우라면 차선책으로 선택할 수 있는 그림 37-a의 위치 2에 해당되는 사례이다.

2-40 주목을 끄는 첨단부를 피해 내륙 쪽으로 건물이 도입되었으나 다소 아쉬운 배치. 일본

2-41 첨단부는 피하여 건축물을 배치했으나 규모 및 이격거리가 부적절한 사례. 한국

그림 41은 주변 경관과의 관계를 고려한 시설물의 규모 및 적정 이격거리를 확보한다는 차원에서 볼 때, 위치선정보다는 규모나 형태 측면에서 부적절한 사례이다.

게다가 도로 건설로 인한 스카이라인의 단절 등 기존경관을 훼손시키고 있어 경관의 보완 및 개선작업이 필요해 보인다.

2-42 산지 스카이라인과의 조화를 고려한 입체도로의 배치 사례. 아와지(淡路). 일본

그림 42는 2000년 박람회가 열렸던 일본 효고현(兵庫縣) 아와지시마(淡路島)의 공원에서 섬으로 접근하는 대규모 입체도로를 바라본 모습이다.

사진을 보면 건축물 배후에 있는 산의 스카이라인과 입체도로의 선형이 동일 연장선상에 맞추어 조성된 것을 알 수 있다.

특히 이 공원에 존재하는 다수의 조망점 중 어떤 곳에서 보더라도 거대한 입체도로와 산지의 스카이라인이 자연스럽게 연결되어 이질감이 최소화되고 있는 것으로 보인다. 경관디자이너의 능력이 돋보이는 배치계획이라 생각한다.

그림 43은 뉴질랜드 오클랜드(Auckland) 인근의 휴양지인 와이헤케(Waiheke) 섬이다.

그림 우측에 원경으로 조망되는 산 능선을 잘 살펴보면 인공 시설물을 확인할 수 있다. 그리고 시설물이 도입된 부분을 확대해 본 것이 그림 44이다. 스카이라인에 배치된 건축물의 지붕선을 보면 기존 스카이라인과 평행하는 형태를 취하고 있는 것을 확인할 수 있다. 게다가 조성된 건축물은 인접 수목군의 높이와 색채, 재료 등을 조정하는 과정을 통해 멀리서 바라보면 그 존재 자체를 쉽게 인식하기 어렵다.

그림 43, 44는 도입 건축물이 스카이라인을 침범하는 배치를 하고 있음에도 불구하고 주변 경관과의 조화와 배려를 통해 이질감 및 경관훼손을 최소화한 사례로 실제 적용가능한 디자인 포인트가 될 수 있다.

43

2-43 와이헤케 섬의 산 정상부에 건축물을 조성, 배치한 사례. 뉴질랜드

2-44 산 능선과 평행을 이루는 수평형 저층건물을 배치하여 경관훼손을 최소화

44

2-45 스카이라인을 침범, 훼손하는 형태로 배치된 건축물. 두브로브닉(Dubrovnik). 크로아티아

그림 45는 크로아티아 두브로브닉(Dubrovnik) 해안의 스카이라인을 침범하는 형태로 건축물이 도입된 사례이다.

기존 바위와 건축물의 색채를 맞추고 있어 다소 완화효과를 의도하고 있는 것 같기는 하나, 수림과 대비되어 인공구조물이 더 두드러지는 효과가 나타나고 있다.

건축물 위주의 배치 및 위치선정이 이루어져, 지형 훼손 및 주변 경관과의 부조화가 나타나게 된 바람직하지 못한 배치 사례이다.

그림 46은 배후에는 산이, 전면은 바다와 접하고 있는 모나코(Monaco)의 휴양지 경관이다. 대규모의 건축물이 빽빽하게 조성되어 있는 인공적인 해양도시의 이미지가 표출되고 있다. 그러나 배후 산의 일정 범위(5부 능선) 아래로 건축물 배치가 이루어지고 있으며 스카이라인도 철저히 보호되고 있다.

특히 건축물들의 규모는 서로 다르나 가로선의 사용 및 채도가 낮은 중간색을 사용하고 있어 조화로운 경관을 형성하고 있다. 물론 이 지역에서 보전, 유지된 배후의 자연경관은 다소 딱딱하고 복잡해 보이는 건축물군을 돋보이게 해주는 효과를 발휘하고 있다고 생각된다.

2-46 배후 자연경관의 일정 범위를 보전하는 건물 배치로 아름다운 도시경관이 유지. 모나코

46

경관 구성요소의 배치가 다른 사례도 있다.

그림 47은 캘리포니아의 해변에 있는 샌프란시스코(San Francisco) 시가지를 배를 타고 이동하면서 바라본 모습이다. 다채로운 형태의 건축물들에 의해 특징적인 도시경관이 연출되고 있다.

이 사례에서는 내륙의 도로에서 바라보는 경관과는 달리 수면의 존재로 인해 열린 시야가 확보되어 조망시점의 이동(배의 이동)에 따라 변해가는 경관 체험이 가능하다.

그림 47의 경우에는 자연지형이 도시의 전면부에 배치되는 관계를 형성하여 다소 복잡해 보일 수도 있는 거대도시의 모습을 통합시켜 줌으로써 건축물군에 의해 형성되는 독특한 스카이라인을 부각시켜주는 역할을 하고 있다. 시점과 경관대상과의 관계조작에 다양한 가능성을 엿볼 수 있는 사례이다.

2-47 전면에 유지, 배치된 자연지형이 다양한 건축물을 통합시킴. 샌프란시스코. 미국

47

도시지역에서 스카이라인 보전이 어려운 경우, 역으로 적극적으로 이용하여 흥미로운 경관을 창출해 낸 사례도 자주 발견할 수 있다.

그림 48은 미국 샌프란시스코((San Francisco) 해안가 구릉지를 활용하여 조성되어 있는 주택단지의 모습이다. 스카이라인을 침범하여 건물이 배치되어 기존 경관을 훼손하고 있는 형태이기는 하다. 그러나 기존 구릉지 전체를 이용하여 건축물을 배치하는 방식을 통해 그 지역의 당면과제, 즉 주거지 부족이라는 문제를 해결하면서 또 하나의 독특한 경관을 창출해 냈다는 점에서 흥미로운 배치계획이 이루어졌다고 할 수 있다.

이처럼 어설프게 기존지형이나 녹지를 남겨 경관 부조화를 만들어내고, 그것을 해결하기 위해 또 다시 인위적 조작을 가하는 것보다는, 통일된 새로운 형태의 경관을 만들어내어 그 지역만의 특색을 부여하고 있다는 점에서 참고가 될 만한 경관디자인 수법이다.

2-48 구릉지 전체를 이용한 단지 배치가 이루어진 사례. 샌프란시스코. 미국

48

2-49 스카이라인 보전은 기능 측면에서 이루어진 수상가옥 배치계획의 결과물. 이네. 일본

그림 49는 일본 교토(京都) 북부지역 이네(伊根)의 후나야(舟屋)의 모습이다. 곶의 선단까지 주택이 들어서 있기는 하나, 배후산의 수림과 스카이라인은 잘 유지되고 있다.

그러나 이 경우는 기존경관을 보전하기 위해 지면부에 건축물을 배치한 계획사례라 보기는 어려우며, 바다마을의 일상적인 경관으로 생활의 편리를 위해 후나야(舟屋)라 불리는 수상가옥이 돌출지형의 아랫부분, 즉 수면과 접한 위치에 조성된 배치 사례에 해당된다. 따라서 배후의 산은 경관적 측면보다는 해안풍 등 자연재해로부터의 보호라는 기능적 측면에서 보전되고 있는 예외적인 사례라 하겠다.

이처럼 단순히 일상적 생활의 편리함을 도모하기 위해 보전하고 유지해 왔던 주변 환경과의 연계 및 배치 관계 등이, 현대에 이르러서는 기존 경관과의 조화 및 친환경적이며 지속가능한 경관디자인을 찾아내기 위한 주요한 실마리가 된다는 점은 반드시 기억해야 할 것이다.

한편 스카이라인이나 곶을 의도적으로 침범하여 관심을 집중시키는 효과를 유도하는 경우도 있다.

그림 50은 그리스 메테오라(Meteora)로 바위산 정상에 수도원이 스카이라인을 의도적으로 침범하는 위치에 조성되어 있다. 기존경관에 시선 집중 및 위압감과 신성함을 주기 위해 새로운 경관 구성요소를 도입한 의도된 배치이다.

다만 이 경우에도 시선 집중을 위한 디자인 시도와 경관 부조화는 별개의 문제로 다루어야 하며, 기존경관과의 조화를 위해 도입시설물의 형태 및 재료, 색채 등에 대한 검토는 필수적인 사항이 될 것이다.

2-50 시선 집중 및 신비감 부여 목적으로 산 정상에 배치된 메테오라의 수도원. 그리스

50

그림 51은 일본 고치(高知) 가츠라하마(桂浜)의 모습으로, 곶의 선단 상부에 전통적인 진자(神社)를 배치하여 시선과 동선 모두를 집중시키는 효과를 얻어내고 있다.

어느 지역에 가더라도 있을법한 평범한 경관의 경우, 기존 경관에 특징을 부여하기 위한 연출기법으로 참고가 될 만한 사례이다.

시점에 의하든, 경관대상이 되는 계획시설에 의하든 그 배치 방식과 평가에 대한 가능성은 무한하다고 할 수 있으나, 일반상식에 의존하던 기존의 판단 범위는 줄이고 정성적으로 이루어지는 스카이라인이나 풍경의 초점 등에 대한 검증, 그리고 데이터 등의 활용을 통한 정량화의 폭을 늘려가는 것이 중요하다.

물론 최종적인 판단과 결정은 프로젝트 관련자들의 종합적인 판단으로 경관 구성요소를 배치하는 것이 바람직하다.

2-51 스카이라인을 의도적으로 침범하고 있는 도입시설의 배치 사례. 가츠라하마. 일본

51

3) 구성요소의 형태 결정

경관계획 대상지의 지역구분과 경관 구성요소의 배치 및 동선계획이 이루어지고 나면, 보다 구체적인 경관디자인이 진행되어야 한다.

이 단계에서는 구조물의 형태 결정, 즉 구체적인 구조물의 형태, 크기, 색채, 소재 그리고 의장 등을 정하도록 한다. 그런데 경관디자인은 대중이 공유해야 하는 부분이자 사회기반의 공공시설이 대부분을 차지하므로 구체적인 형태를 결정하기 이전에 적절한 구조형식(안전성, 편의성, 경제성)을 선택하는 문제도 간과해서는 안 된다.

형식 선택의 문제는 대규모 공공토목시설을 다루게 되는 경우 특히 면밀히 살펴보아야 할 부분이다. 예를 들어, 입체도로에 대해 생각해 보자. 입체도로란 고가도로, 도시고속도로, 입체보행교, 교량, 잔도(棧道;험한 벼랑 같은 곳에 선반을 매듯이 하여 낸 길) 그리고 절성토 사면의 발생을 피하기 위해 만드는 터널 등을 포함하는 포괄적 의미이다.

이들을 대상으로 하는 경관디자인을, 교량을 예로 들어 형식 선택에 대해 생각해 보자.

교량미학의 분야에서는 예전부터 깊은 계곡에는 아치교가, 큰 하천에는 수평교가 잘 어울린다는 평가가 있다. 물론 정량적, 실증적인 데이터가 제시된 것이 아니기에 프로젝트 시행 시에는 기본적인 요구조건 등을 정확하게 파악한 후 선택이 이루어져야 할 것이나, 큰 틀을 경관을 형성한다는 관점에서 볼 때에도 형식을 선택하는 과정은 매우 중요하다.

그 이유는 형식이 결정되고 난 이후에 형태를 조정하는 단계에서 할 수 있는 경관디자인에는 한계가 있을 수밖에 없기 때문이다. 특히 바다 및 대규모 하천에 조성되는 교량의 경우, 대상지역의 지형 및 조류 등 다양한 조건에 따라 구조형식에 제한이 가해지는 경우가 많다.

따라서 거대 규모의 교량을 건설하는 경우 구조형식의 결정은 경관 구성요소의 역할을 부여하고 조정하는 과정 이전에 반드시 검토되어야 할 사항이다.

아울러 형식 결정 이후에는 교량의 설치 위치 등에 대해『시점』,『시점장』및『주대상』과의 관계디자인을 통해 배치계획을 검토한 후, 교량의 형태를 결정하는 순서로 경관디자인이 이루어져야 할 것이다.

2-52 요시노 강(吉野川) 협곡의 오보케바시(大歩危橋). 교각이 없는 교량의 형식. 일본
2-53 넓은 하천에 거부감 없이 어울리는 수평교 형식의 교량. 루아르. 프랑스

52

53

2-54 좁은 하천에 잘 어울리는 아치형 모스타르(Mostar)의 다리. 보스니아 헤르체고비나

입체도로의 형식 선택에는 다양한 요구 조건들이 작용하게 된다. 도로의 위치, 차선의 수, 상 · 하행의 일체화와 분리, 구조물의 중량, 입체화의 수준(높이, 지면과의 거리 등), 교각의 형태, 교각의 수, 기존 도로 및 인접 시설물과의 관계 등이 형식을 찾아내고 선택하는데 작용하게 될 것이다.

그리고 최적의 형식이 결정되고 나면, 예를 들어, 교각이 하나인 형식인지 두 개인 형식이 선택되었는가에 따라, 그 자체의 형태에 대한 디자인 작업이 진행되게 된다.

2-55 샌프란시스코와 머린 카운티를 연결하는 랜드마크인 금문교(Gold gate Bridge). 미국

2-56 절벽과 절벽을 이어주는 에즈 마을로 접근하는 상징적인 입체도로. 프랑스

2-57 산림 내부에 입체도로를 배치하여 비일상 경관 체험이 가능하도록 유도. 호주

2-58 시코쿠 산악지역에 조성된 도로로, 바람직하지 못한 조성 사례. 일본

2-59 절개사면 대신 간이 터널형식을 선택해 도로를 조성. 크로아티아

그림 58은 일본 시코쿠(四国)의 산악지역에 조성된 도로의 모습이다. 기존의 자연지형에 맞추는 형태로 곡선형 도로가 만들어져 있기는 하나, 지나친 경사지의 옹벽 처리가 심각한 위압감과 이질감을 주고 있다. 이러한 경우라면 터널 형식을 선택하는 것이 좋지 않았으나 하는 아쉬움이 남는 디자인이다.

반면 그림 59는 터널이라는 형식을 선택하여 도로경관을 디자인한 사례이다. 이처럼 시설의 형식이 결정되고 나면 다음 단계인 형태 검토로 이어지게 되며, 사례에서는 터널 형식을 적용하여 기존 자연지형의 훼손을 최소화하는 경관디자인을 마련하고 적용한 것으로 보인다.

두 사례의 비교에서 알 수 있듯이, 그림 58의 경우에 도로 계획과정에서 일반적인 도로 이외의 형식 선택이 검토되었더라면, 보다 다양한 형태의 디자인과 경관훼손을 막을 수 있는 방안제시가 가능했으리라 생각된다.

경관 구성요소의 형태를 결정하는 단계에서도 다양한 사항들이 고려되어야만 한다. 반복되는 이야기이지만 경관디자인이란 사물 자체에 대한 디자인에 국한된 것은 아니므로, 형태 결정에 있어서도 주변 요소들과의 조화, 대상지역의 특성과 분위기, 역사, 문화 등을 고려한 디자인이 제안되어야 하기 때문이다. 그러므로 형태를 결정하는 단계에서 재차 대상지 현황에 대해 정리 분석된 내용이나 조건들을 되돌아볼 필요가 있다.

왜냐하면 계획의 시작점으로 되돌아가 대상지의 환경을 재인식해 보는 과정을 거치게 되면, 지역의 정체성(Identity)이나 역사적 문맥 등을 읽어내는 것이 쉬워지기 때문이다. 그리고 그러한 작업은 그 지역에 잘 어울리는 혹은 그곳에서만 가능한 디자인 아이디어를 찾아내는 데 결정적인 역할을 할 수도 있다.

기존의 자연환경이나 인공시설 특히 동선 등 인프라 시설에 관한 사람들의 생각 등에서 반영시키고 싶은 이미지를 찾아낼 수 있을 것이며, 계획대상지의 전체 면적과 요소 도입이 가능한 면적, 위치 그리고 시점장의 위치 등에서 시설의 개별 이미지가 아닌 전체 이미지를 파악하는 것이 가능할 것이다.

대상지역의 가치와 특성을 증가시키기 위한 아이디어, 환경을 조절하는 아이디어, 방향성이나 축, 접근용이성에 관한 아이디어 그리고 경관디자인에 영향을 미치는 여러 문제 등을 인식하는 것은 형태디자인의 원활한 진행을 도와줄 수 있을 것이다. 물론 경관계획가가 개별적인 형태를 디자인하는 전문능력은 갖추어져있다고 믿는 전제조건이기도 하다.

4) 경관의 보완 및 개선 작업

경관디자인의 작업 진행을 본서에서는 1) 에서 4) 의 순서로 소개하였으나, 실제 작업의 진행 순서는 조금 다르다.

물론 매우 확정적인 작업을 진행하는 경우나 더 이상의 대안을 생각할 수 없는 상황에서 계획을 수행하는 것이라면 연속되는 진행 과정이 될 수도 있겠으나, 다수의 대안을 고려하는 경우라면 경관의 보완 및 개선작업(경관 구성요소 및 부수적인 요소의 상호관계 개선)은 그 순서가 조금 다음 단계로 미루어져야 할 것이다.

그 이유는 경관계획에서는 다수의 대안을 작성하고 이것들을 검토, 평가한 후, 최종안을 결정하는 것이 일반적인 과정이므로, 경관의 보완 및 개선 작업은 충분한 대안 검토와 평가가 이루어진 이후에 진행되는 것이 더 효율적이기 때문이다.

경관의 보완과 개선작업은 계획을 수행해 나가는 각각의 단계에서, 예를 들면, 『시점』과 『주대상』, 『시점장』 등의 관계조작 및 경관 구성요소의 상호관계 등을 검토해 가면서 시행하는 것이 더욱 근본적인 해결 방법이 되며 또 지속적인 효과를 기대할 수 있다. 그리고 최후단계에 이루어지는 보완작업은 단편적이기는 하나 매우 효과적인 방안이 될 수도 있다.

다만 과다한 보완 및 수정작업은 계획 자체의 본질을 흩트려 버릴 수도 있으므로 각별히 주의해야 한다.

a. 대안의 작성 및 검토

지금까지 설명한 것은 경관대상지의 지역구분, 경관 구성요소의 배치, 대상의 구조형식 선택 및 형태 결정에 수반되는 작업 내용이다. 그리고 이것들은 구상 단계에서 설정된 경관계획의 목표에 도달하기 위한 수단에 해당된다.

경관계획에서 목표에 도달하기 위한 수단은 여러 가지로 제안하는, 즉 복수의 대안을 마련하는 것이 가능하여야 하며, 당연히 그 대안들을 분석하고 검토하는 과정 그리고 평가를 통해 제시된 대안 중 최적안을 선별하고 결정하는 작업 역시 계획 진행에 필수 불가결한 과정이다.

그렇다면 경관디자인의 진행 과정에서 여러 대안을 검토, 분석, 평가하는 과정을 살펴보기로 하자. 물론 경관계획의 특성상 대안을 분석, 평가하는 방법 그리고 예상되는 경관변화에 대한 사전 평가(Assessment) 등은 객관적이며 명쾌하게 이루어져야 한다.

① 대안의 작성

이 단계의 작업목적은 주어진 전제·제약조건 속에서 계획목표를 달성하기 위한 다양한 수단을 도출해 내는 것, 즉 대안 작성이며, 이것을 예비계획·설계라 한다.

대안 작성은 계획안 전체에 관련되는 거시적 단계에서, 개개의 구조물 디자인, 경관개선에 이르는 미시적인 단계에 이르기까지 여러 단계를 생각할 수 있다. 따라서 대안 검토에 필요한 사항에 한정하여 작업을 시행하고, 최종적으로 요구되는 수준 내에서 마무리하는 것이 현명한 방법이다.

대안의 작성 요령은 다음과 같다.

1차 계획 · 설계단계에서 시행한 내용의 결과를 정리하여 몇 가지 대안을 작성한다.

그리고 그 대안 상호 간의 차이점, 공통점을 기록, 평가하고, 그 위에 대안 작성의 레벨도 명시하여 둔다. 동시에 이 단계에서 대안 검토의 전제가 된 경관분석의 결과를 정리하고 평가 내용도 추가해 두는 것이 좋다. 그 이유는 차후 피드백하여 대안을 재검토하는 경우 필요하기 때문이다.

대안 중에서 하나의 안이 모든 측면에서 훌륭하다고 평가될 가능성은 낮으므로, 대안 작성 단계에서는 그것들을 나란히 열거해 놓는 것으로 충분하며, 상세한 검토와 판단은 후에 경관의 종합평가 및 기능계획과의 득실 평가에 맡기는 것이 좋다.

대안 검토 시에는 기능계획과의 조정이 무엇보다 중요하다. 경관계획 측면에서는 매우 우수한 안이라 하더라도 기능계획의 관점에서 문제가 있다거나 건설비용이 크게 증가한다면 그 계획의 실현 가능성은 희박해진다. 하지만 큰 폭의 경관개선이 기대되는 사항이라면, 이 단계에서 기능계획 측면에서의 재검토 및 변경을 요구하는 것도 가능할 것이다.

종합하자면 대안 작성 시에는 대안 상호 간 및 기능계획과의 비교검토와 조정이 가능하도록 작업을 진행하는 것이 포인트이다.

② 대안의 비교검토 · 분석

대안 검토의 요령을 검토 순서와 대안 작성의 관점에서 살펴보자.

대안 검토는 위계적인 순서에 따라 이루어져야 한다. 일반적인 방법은 경관적인 영향력이 큰 수준의 것들을 우선 검토하고, 순차적으로 영향력의 수준에 따라 대안들을 검토하는 것이다.

대안 비교에서 만족할 만한 대안이 결정되는 경우도 있으나, 이해하기 어려운 경우도 종종 발생한다. 이러한 경우에는 과감하게 프로젝트의 전제조건을 재검토해 보는 것도 필요하다. 주어진 조건이나 틀에서 벗어난 제안 등 기존 관념을 타파하는 것으로 예상치 못했던 흥미로운 대안이 마련될 수도 있기 때문이다.

하지만 비슷한 대안이 나열되거나 큰 차이가 없는 경우도 있을 수 있다. 그건 아마도 이미 검토할 필요가 없는 내용이거나, 구현 방법이 극히 제한되어 있는 상황이거나, 계획가의 능력이 부족한 경우에 해당될 것이다.

b. 대안의 예측과 평가

① 대안의 예측

대안의 예측은 투시도나 스케치 그리고 사진합성 등을 이용한 경관예측 모의실험(Simulation) 등의 수법이 사용되고 있다. 작성된 대안에 근거하여 예측과 평가를 하고, 그 결과를 종합적으로 판단하여 최종 계획안이 만들어지게 되므로 경관평가에 활용되는 예측 작업은 매우 신중하게 이루어져야 한다(2장 4-4 참조).

② 대안에 대한 평가

우리가 무언가를 인식하고 평가하는 경우, 본인들이 이미 가지고 있는 가치관에 의거한 평가가 의식적이든 무의식적이든 이루어지게 된다.

하지만 경관계획의 진행 과정에서 만들어진 대안을 평가할 때 가장 중요한 것은 누구나가(복수의 평가 주체) 공통으로 인정하는 객관적 평가 결과를 얻어내야 한다는 사실이다. 그러한 이유로 계량심리학 평가를 중심으로 한 다양한 기법들이 검토 적용되고 있다.

계량심리학 수법을 사용하는 이유는 많은 사람의 주관적인 평가를 통계적으로 처리함으로써 평균화된 결과를 얻어낼 수 있기에 비교적 안정된 평가와 분석이 가능하기 때문이다. 아울러 그 평균적인 평가를 예측할 수 있는 일종의 모델 구축의 기초가 되는 경관의 평가구조, 즉 법칙성을 찾아내기 위함이기도 하다.

일례로 보존해야 하는 경관대상을 선정하기 위해 현재 경관에 대한 평가 또는 구체적인 계획·설계의 효과를 비교 검토하는 경우를 생각할 수 있다. 이것은 구체적인 평가치를 측정한 후에 그 결과를 통계처리 하는 평가수법이다.

또 다른 방법으로는 심리실험 등에 의해 측정된 평가치 데이터를 정성분석, 정량분석을 시행하고, 그것을 기초로 평가예측 모델을 작성하는 것이다.

그런데 어떠한 수법을 선택하든 논리적이고 객관적인 평가가 이루어지도록 하기 위해서는, 누가(평가주체), 무엇을(평가대상), 어떤 관점에서(평가항목 및 평가기준) 평가할 것인가를 숙지하여야 한다. 그리고 그것의 진행을 위해서는 어떤 방법(평가수법)을 선택해야 하는가를 검토하여 결정해야 한다.

이러한 맥락에 따라 조망의 평가구조를 명확하게 하기 위해서는 단순히 계량심리학 수법을 적용하는 것뿐만 아니라, 역사 및 전통 경관의 특성 분석, 사후평가라 불리는 지속적인 경관 관찰과 조사에 근거한 평가 그리고 생태학, 문화인류학, 민속학적인 이론을 참고하는 등의 정성적 평가도 필요하다.

▪ 평가 주체

대안을 평가하는 주체는, 계획가(전문가), 지역주민(그 지역의 경관을 일상적 경관으로써 체험하는 사람), 방문자(그 지역의 경관을 비일상적 경관으로써 체험하는 사람)로 나눌 수 있다. 이들 집단에서 이루어지는 평가의 차이는 당연히 존재한다.

거주밀도가 높은 도시 및 전원 지역에 있어서는 해당 지역주민의 평가에 가치를 두며, 자연풍경지에서는 방문자들의 평가 결과에 가치를 부여하는 것이 일반적이다. 그러나 각각의 집단에는 다음과 같은 경향이 있으므로 이를 고려하여 최종 평가는 계획가가 종합적으로 판단하도록 한다.

계획가는 계획시설의 긍정적 측면을 강조하고 부정적 측면을 과소평가하는 경향이 있다. 단 계획시설의 유형 사례, 조작과 그 효과의 인과관계에 관한 지식은 가장 풍부하나 장기적 관점을 취하기 쉬운 것이 이 집단이다.

지역주민은 대상지의 경관을 상세한 부분까지 잘 알고 있으며 또 기존 요소가 갖는 의미를 실제적인 효과와 동시에 몸으로 체험하고 있는 집단이다. 그러나 지역의 거시적인 경관 특색을 인지하기는 어렵다.

방문자는 지역경관에 대한 의식은 희박한 것이 보통이며, 경관에 대한 평가는 체험 시의 변동 요인과 평가자의 심리상태에 따라 좌우되는 경우가 많다. 그러나 평가자 중에서는 최다수의 집단임과 동시에 보는 방법이 거칠기 때문에 세부적인 사항에 좌우되는 일 없이 지역의 경관특성을 큰 맥락으로 파악하는 경우가 많다.

평가 주체에 따라 차이가 생기는 것은 당연한 사실이나, 계획은 계획가의 책임하에 진행되는 것이다. 따라서 최종적인 평가는 계획가가 다른 사람에게 책임을 전가하는 일 없이 결정을 내리고 추진해야 하는 것이 정도라는 것을 다시금 확인해 두도록 한다.

■ 평가기준

경관을 평가하는 데 어떠한 측면을 어떠한 기준에 따라 평가해야 할 것인가를 생각해 보자.

모든 경관을 동일한 항목과 기준에 의해 평가한다면 간단하겠으나 그건 현실적으로 어렵다. 왜냐하면 우선 평가대상지가 자연경관 지역인가 인공경관 지역인가에 따라 크게 달라지며, 또한, 대상지의 규모나 지역 지구설정 유무 등 주변 여건에 따라 평가 내용이나 기준이 각기 달라지기 때문이다.

아울러 경관을 대하는 대중들이나 평가자의 기대 역시 다르므로 명확한 평가기준을 정하기 어려우나 그래도 어느 정도의 기준 설정은 필요할 것이다.

실현성과 계획 측면을 고려할 때, 평가기준은 대상지에 설정된 계획목표를 구체적으로 나타낼 수 있는 것으로 정하는 것이 바람직하다. 만약 계획목적에서 약간 벗어난 평가 기준이 이 단계에서 필요하다고 느껴지는 경우라면, 이는 계획목표의 수립방법이 미숙하였거나 계획자의 판단에 편견이 생겨났거나 둘 중 하나라고 판단하고, 반드시 피드백을 시행해 보아야만 할 것이다.

또한, 대상지역 평가는 전체가 하나의 경관권역으로 되어있는 것이 아니라 지역이 구분되어 있는 경우도 있다.

예를 들면, 경관변화가 심한 지역이나 계획대상지가 대규모인 경우가 해당될 것이다, 따라서 이런 경우에는 각 구역의 경관특성을 고려한 별도의 기준을 마련하는 것이 바람직하다.

▪ 평가수법

경관계획의 평가수법은 크게 세 가지로 나눌 수 있다.

사업대상지 계획가의 평가, 경관 전문가의 평가, 일반대중의 평가이다. 평가는 객관적으로 이루어져야 한다. 따라서 심리학적 수법을 사용한 평가 및 결과의 통계적인 분석이 선택되게 된다.

또한, 평가는 정량평가와 정성평가로 나누어진다.

정량평가는 평가치를 구체적인 수치 및 수식으로 표현하는 것인데 비해, 정성평가는 평가의 경향이나 관계성으로 나타내지는 것이다. 어떠한 것이든 경관처럼 복잡한 현상을 수치로 평가하기 위해서는, 처음부터 평가대상이나 척도를 최소한으로 한정시킬 필요가 있다. 정량적이든 정성적이든 어느 쪽이더라도 평가를 위해서는 평가 결과의 보편성과 정밀도를 기안할 필요도 있다.

현재 인정받고 있는 평가수법을 사용하는 것만으로 충실한 평가가 이루어졌다고 판단하지 말고, 평가의 관점 및 가치, 목표에 부합하는 평가를 시도해 보는 것도, 특히 디자인 분야에서는 중요하다.

마지막으로 위에서 설명한 항목을 명확히 다룬 대안들을 상호 평가하고, 다시 통합된 계획안(최종 계획안)으로 완성시켜 가는 것이 경관디자인이며, 최종안에 따라 사업실행(시행 및 관리)이 이루어지게 된다.

04

경관의 예측과 평가

각종 사업이 계획되고 시행되는 경우, 그것이 어떠한 형태로 대상지역에 나타나게 되는가, 또 그것이 지역경관에 적합한 것인가 아닌가에 대해 사전에 예측하고 평가하는 작업은 매우 중요하다. 왜냐하면 경관은 일단 파괴되고 나면 원래의 상태로 되돌리는 것이 거의 불가능하기 때문이다.

우수한 경관이 훼손되거나 심각한 변화를 입게 되는 상황을 미연에 방지하는 것은 경관계획 및 관리 차원에서 매우 중요한 과제이다. 따라서 사업 추진 시에는 경관에 대한 다양한 측면에서의 검토와 분석을 거치는 과정은 필수 불가결의 조건이 되어야 할 것이다.

경관계획안에 대한 예측과 평가는 ① 프로젝트의 진행 과정에서 계획수립을 위한 하나의 검토 과정으로 이루어지는 경우와, ② 법으로 규정되어 있는 환경영향평가의 과정 중 경관 영향평가, 산지전용 등에 대한 경관영향 검토, 개발사업이나 건축물 등의 경관심의와 같이 실제 사업 시행을 위한 허가 과정의 하나로 이루어지는 경우가 있다.

물론 대상지에 사업 시행으로 인해 나타나게 될 경관변화와 영향을 살펴본다는 점에서 보면 동일하다고 하겠으나, ①은 계획가 및 사업 주체 그리고 지역주민 등이 중심이 되어 이루어지는 것이며, ②는 대상 사업계획에 직접 연관되지 않은 전문가집단이나 대상지역의 공공기관 등에 의해 이루어진다는 점에서 큰 차이가 있다.

①과 ② 모두 경관사업을 시행할 시에는 계획을 통해 도입되는 구조물이나 시설 등이 경관에 미치게 될 영향을 명확히 파악, 인지하는 과정을 통해 마련된 계획안을 검토, 보완, 조정해 가는 작업이 이루어져야 한다. 그리고 그것은 경관계획 수행의 성패와 합의를 얻어낼 수 있는 실마리이자 효과적인 수단으로 활용될 것이다. 그러므로 이번에는 사업계획이 경관에 미치는 영향을 살펴보기 위한 예측과 평가의 과정 그리고 방법에 대해 살펴보기로 하자.

4.1 경관의 예측

경관의 예측이란 제안된 계획안 또는 사업의 시행에 따라 영향을 받을 수 있는 경관의 모습을 미리 헤아려 짐작하는 것으로, 당연히 객관적이고 과학적인 방법을 사용하여 표현해야 한다는 것이 전제조건이다.

그리고 이렇게 마련된 예측을 통해 계획안의 검토와 분석 등 평가가 이루어지게 되므로, 경관 예측의 방법이나 기준, 표현기법 등은 매우 중요하다.

1) 경관 예측의 유형

경관 예측에는
① 특정 대상지에서 현시점에는 존재하지 않는 대상이나 새로운 계획안이 완성되었을 때의 모습을 예상하여 시각적으로 표현 하는 완성적 예측과,
② 비교적 광역범위에서 새로운 도시계획이나 신도시 개발사업 등 무언가의 계획에 의해 일어나게 될 경관변화의 가능성을 예상하는 확률적 예측이 있다.

a. 완성적 예측

완성적 예측이란 구체적인 공간이나 시설의 계획 · 설계가 이루어지는 경우에 그것이 어떤 모습으로 만들어지는가를 예측하는 방법이다. 이 경우 계획 · 설계의 진행 상태나 예측되는 결과를 어떤 관점에서 평가하느냐에 따라 예측범위, 예측방법, 예측항목, 정밀도 등이 달라진다.

일례로 규모가 큰 구조물을 계획하는 경우를 생각해 보자.
계획의 초기 단계에서는 주위에서의 가시 · 비가시의 판단이나 윤곽선의 형태, 질감 등 개략적이긴 하나 넓은 대상영역에 걸친 영향을 예측할 필요가 있을 것이다. 따라서 간단한 투시도나 가시 · 비가시 영역을 표현한 정도의 것들을 사용하면 된다.

그런데 점차 계획 · 설계가 구체적으로 진행되게 되면, 대상물의 세밀한 부분이나 상호관계 등의 예측이 필요하게 되므로 보다 상세한 투시도나 모형 등을 작성해야 할 필요가 있다. 그리고 투시도 작성을 위해서는 시점의 선정 방법도 중요한 문제이자 결정 사항이 된다.

여기서 우리가 흔히 행하고 있는 경관 프레젠테이션(예를 들면, 경관심의나 자문회의 등에서 설명 수단으로 사용되는)과 경관평가를 위한 사전작업인 경관 예측의 차이에 대해 살펴보기로 하자.

두 가지 모두 사진합성 등 CG를 활용한 경관시뮬레이션이나 투시도, 스케치 등을 사용하여 계획안을 표현 해낸다는 점은 동일하다. 그러나 경관 예측은 평가를 위한 사전작업으로 최적안 선정이 목적이므로 주요 경관변화나 특징 등을 사실 그대로 정확하게 제시하여야 한다.

이에 비해 경관 프레젠테이션이란, 계획안의 의도와 방향을 쉽게 설명하기 위한 자료로써의 이용을 목적으로 한다는 점에서 결정적 차이가 있다.

경관 프레젠테이션에서는 계획가의 의도적인 왜곡이나 강조가 행해지거나, 일상에서 얻을 수 없는 특별한 시점에서 투시도를 작성하거나 다소 과장된 시뮬레이션이 이루어지는 경우가 많다. 그러므로 경관 프레젠테이션에 활용되었던 다소 과장되거나 왜곡된 이미지 자료를, 경관변화 예측을 검토하기 위한 평가자료로 사용하는 것은 부적절하므로 지양한다.

사례를 들어보자. 제시된 조감도 그림 60은 계획안의 전체적인 모습을 살펴보기에 매우 유용한 예측자료이다.

그러나 조감도는 계획대상지를 높은 시점에서 내려다본 모습을 표현한 것으로, 우리가 일상생활 속에서 체험할 수 있는 시점과는 다르다. 따라서 사업 시행으로 인한 경관변화를 검토하기 위한 예측 자료로 사용하는 것은 적절치 않다.

반면 계획안의 일부 공간 이미지를 살펴볼 목적으로 제작된 그림 61 상단과 같은 투시도는 사람들의 눈높이를 기준으로 작성된 예측자료이므로 경관평가 자료로 이용할 수 있다.

그림 61 하단의 경우는 이번 계획에서 선정 또는 새롭게 마련된 시점에서 체험할 수 있는 야간경관의 아름다운 모습을 상정하고 있어, 시간 흐름에 따른 경관변화를 살펴볼 수 있는 유용한 예측 자료가 될 수 있다.

2-60 대상지를 높은 시점에서 내려다본 계획조감도 (출처 : 노적봉 예술공원 조성계획)
2-61 실제 눈높이에서 작성한 투시도 (출처 : 순천만 국제습지센터 건립사업)

다만 제시된 자료는 경관평가에 플러스적인 요소로 작용할 가능성이 높아 보이나, 표현에 있어서는 과장됨이 없도록 실현할 수 있는 형태로 제시되어야 할 것이다.

계획공간을 부분적으로 간단히 표현하는 경우에도 그것을 경관 예측자료로 선택해도 되는지 아닌지를 판단해야 하는 상황이라면, 시점의 높이나 방향 등을 확인하면 쉽게 판단할 수 있다.

그림 62의 조감투시도는 바다분수와 공연장의 계획 이미지를 표현한 것으로 대상 공간을 이해하기는 매우 유효한 자료이다. 다만 본 이미지는 관찰자 시점이 높게 설정되어 있어, 계획수행으로 인한 실제 이용자 관점에서 경관변화와 영향을 검토하기에는 부적절한 예측자료이다.

2-62 높은 시점에서 작성한 계획 공간의 이미지 (출처 : 목포 평화광장 경관개선사업)

그러나 그림 63은 일상에서 얻어지는 시점, 즉 사람들이 이 공간을 이용하면서 체감할 수 있는 눈높이에서 바라본 이미지를 표현한 것으로, 계획추진으로 인한 경관변화나 영향을 예측할 수 있는 적절한 자료이다.

정리하자면 경관평가를 시행할 때는 제시된 자료가 경관 특징이나 변화를 정확히 표현한 현실적인 자료인가, 아울러 일상적인 시점에서 얻어질 수 있는 예측자료인가를 재차 확인하여 평가 시 오류를 범하는 일이 없도록 하여야 한다.

2-63 눈높이에서 작성한 계획 공간의 이미지 (출처 : 목포 평화광장 경관개선사업)

b. 확률적 예측

확률적 예측이란, 도시계획이나 지구계획 등 토지이용 컨트롤과 같이 경관에 간접적으로 영향을 주는 요소이자 장기적으로 영향을 미치게 될 계획 내용을 시각적으로 예측하는 방법이다.

예를 들면, 도시계획에서 용도지역의 구분과 배치에 따라 확연히 달라지는 도시경관이나, 특정지구에서 용적률이나 사선제한 등의 규제를 바꾸는 것에 의해 변화하는 가로경관 그리고 도로 인접지역에서 우회도로 건설 등으로 인해 예상되는 주변 경관의 변화 등에 대한 예측 검토가 이에 해당된다.

이와 같이 거시적 변화가 경관에 미치는 확률적인 영향을 예측하기 위해서는 이론모델을 구축하는 것이 바람직하나, 현재로서는 보편성 있는 이론이나 수법이 확립되어 있지 못하다. 따라서 대상에 관한 지금까지의 변화 이력이나 유사사례 등을 참고로 할 필요가 있으며, 이러한 예측을 시행하는 방법으로는 국토교통부 국가지리정보원(https://www.ngii.go.kr/kor/content.do?sq=237)의 국토정보플랫폼 등의 활용이 일반적이다.

당연히 경관 예측의 결과는 수치데이터보다는 시각적 표현 매체를 사용하여 표현하는 것이 바람직하며, 손으로 하는 스케치나 투시도, 컴퓨터그래픽스(CG), 모형 등의 매체 중 목적에 상응하는 적정한 것을 선택하게 된다. 물론 그 경우에도 재현성, 정밀도, 조작성, 비용 등이 고려되어야 한다.

2) 경관 예측의 범위 및 검토 항목

a. 경관 예측의 범위

경관 예측의 범위는 경관계획 수립 시 설정된 현황조사의 범위를 준용한다. 즉 경관계획 대상지와 당해 사업 시행으로 인해 야기될 수 있는 경관변화 등 영향이 예상되는 대상지의 주변지역(계획지역)으로 한다(2장 3-2. 참조).

경관 예측은

① 계획대상지 주변에서 사업지역이 조망되는 범위와,

② 계획대상지에서 외부 경관자원이 조망되는 범위를 포함하여 시행한다.

b. 경관 예측의 검토 항목

경관 예측을 위한 검토 항목은 해당 사업 시행에 따라 영향을 받을 수 있는 사항을 예측할 수 있도록 이하의 내용을 고려하여 정한다.

① 자연경관자원, 인문경관자원, 조망경관자원 등 경관자원 유형별 직간접적 훼손 여부, ② 조망경관자원에 대한 조망 차단 여부, ③ 구조물로 인한 스카이라인 훼손 및 돌출, 위압 경관 형성 여부, ④ 절성토 및 구조물로 인한 주변 경관과의 부조화 여부, ⑤ 경관위해시설의 차폐 여부 등이다.

① **자연 및 인문경관의 경우**

- 자연경관의 시각적 구조와 체계상의 물리적 변화 수준
- 주요 동식물 서식지의 자연경관상의 구조 변화
- 녹지 체계와 구조의 변화
- 자연경관적으로 민감한 녹지 패치에 미치는 영향
- 학술적, 역사적 가치가 있는 주요 지형 · 지물 등의 직간접적 영향
- 시설과 구조물이 경관자원에 미치는 직접적 영향 및 간접적 조망경관 구조의 변화

② **조망경관의 경우**

- 조망점 및 조망선으로부터 대상물을 조망한 결과와 영향
- 배후 산지가 존재하는 경우, 산지의 스카이라인에 미치는 영향
- 인공물이 시각적으로 두드러진 경관을 형성함으로써 미치는 영향

③ **대상지의 구조물로 인한 스카이라인 훼손 및 돌출, 위압 경관 형성 여부**

- 대상지의 고층 구조물로 인한 배후 산 지형과 스카이라인 훼손 여부
- 과도한 절성토 및 고층 건축물로 인한 주변 환경과의 부조화 또는 돌출 및 위압 경관 형성 여부
- 공장 및 환경기초시설, 기피시설 등 경관위해시설에 대한 차폐 여부

3) 예측 시점 및 방향

a. 예측 시점과 시선방향

계획대상지에서 특정 장소나 동선 이동에 따른 경관 이미지를 예측하고자 하는 경우에 시점의 위치는 사람들의 이용빈도 및 시점(또는 시점장)의 질을 기준으로 선정한다.

즉 일반적으로 사람들이 눈으로 보는 기회가 많은 장소(기존 시점)에 대한 경관과, 현재 이용되지 않더라도 경관평가가 높은 장소(개발 시점)에 대한 변화를 모두 예측해 보도록 한다.

그 외에 대규모 공공시설에서 경관적 영향력이 클 것으로 예상되는 공적인 시점도 경관 예측을 위한 필수적인 조망점이 될 것이다. 그리고 경관측면에서 나타나는 영향이 긍정적이라면 그 시점은새로운 조망점으로 적극 개발하는 것이 좋다.

그런데 이와는 반대로 부정적인 영향이 나타난다면 그 시점은 피해야 하는 지점이자 경관 평가 시 가장 비중이 있는 또는 영향력이 큰 시점으로 작용하게 되므로 면밀한 검토가 필요하다.

그리고 시선 또는 시선축의 방향은 도입되는 해당 시설을 중심으로 하는 것과, 종래 구도상의 초점을 중심으로 하는 두 가지 모두를 검토할 필요가 있다. 다만 해당 시설을 중심으로 조망 방향을 선정하면 시설 도입으로 인한 경관에 대한 영향력이 실제 이상으로 과장되어 평가될 위험성이 있다.

따라서 도입시설이 소규모이거나 주변에 미치는 영향력이 미미한 경우에는 도입시설과 기존 『주대상』과의 관계를 살펴보는 후자가 더 적합한 방법이 될 것이다.

앞에서도 언급하였으나 현장에서 자주 발견되는 오류는 조감도나 마스터플랜 때로 단면도를 경관평가 수단으로 사용하는 경우이다. 위에서 내려다보는 조감 시점이나 평면도로 표현되는 마스터플랜은 계획 전후의 모습을 파악함에 있어서는 유용한 수단임은 분명하다.

그러나 이 자료를 일반인들에게 계획 후의 모습을 설명하는 예측자료로 사용하는 것은 도움이 되지 못하며, 오히려 잘못된 이미지를 각인시킬 위험성이 있으므로 주의해야 한다.

b. 경관변천에 대한 예측

또 하나는 경관 예측 시 경관변천 및 변동 요인에 대한 적용이다.

대규모 토목시설이나 공공시설 등은 조성 후 시간이 경과하게 되면, 더럽혀지거나 풍화하여 주변 환경에 자연스럽게 융화되는 경우가 많다.

그러므로 세월과 함께 변해가는 식물재료를 사용하고 있는 경우나, 자연경관 지역에 인공구조물이 도입되어 경관 훼손의 우려가 있거나, 대규모 개발 등으로 인한 현격한 경관변화가 예상될 때는 사업 시행 후 시간 경과에 따른 경관변화를 예측하여 제시하는 것도 바람직하다.

만약 단순히 계획 시행 직후(준공 시)의 예측 모습만 본다면 그것은 반쪽에 불과한 예측 작업이 될 것이다. 반대로 20-30년 지난 후 성장한 수목을 합성한 사진으로 경관 예측을 한다면 그것은 사람들을 기만하는 결과가 될 것이다.

특히 자연지역에서 사업이 추진되는 경우에 대상지에서 적절한 경관관리가 지속적으로 이루어진다면 시간이 경과할수록 주변과의 조화 등 경관개선 효과가 기대되는 경우가 많다. 따라서 시간 경과에 따라 몇 단계의 시뮬레이션을 시행하여 신뢰도 높은 예측자료를 제시한다면 긍정적 평가를 얻어낼 수 있으므로 원활한 사업 시행으로 이어지는 유효한 작업이 될 것이다.

예측 작업에서는 보통 변화의 중심이 되는 해당시설을 매우 깔끔하게 표현하는 경우가 많다. 그러나 일조의 방향, 날씨, 계절 변화에 의해 시설의 인상은 크게 달라지며, 특히 변동요인의 영향을 받기 쉬운 것은 대상의 색채와 질감이다.

따라서 경관 예측 시에는 시설이 설치되는 장소 및 그것이 보이는 방향, 시거리 등을 고려해 표현하여야 한다. 물론 이들 변동요인 및 변천에 따라 대상이 어떻게 보이는가 하는 미묘한 변화를 예측한다는 것이 쉬운 일이 아니다. 하지만 이런 점이 바로 계획가의 경험이 필요한 전문성이 빛날 수 있는 부분이기도 하다.

4) 예측 방법

경관 예측을 위해서는 평가 대상지역의 경관 특성과 예상되는 경관변화를 잘 파악할 수 있도록 시각적 표현 방식인 시뮬레이션을 시행하는 것이 좋다.

경관시뮬레이션은 도로, 공원, 전망대, 교차로 등의 조망점(시점)에서 사람 눈높이에서의 조망을 기준으로 제작하여야 한다(H:1.6m).

경관 예측을 위한 시뮬레이션 방법으로는 스케치, 조감도, 모형, 사진 스케치법, 사진을 활용한 변화 전후의 사진합성, 대상지의 지형변화 등을 예측할 수 있는 와이어프레임, 쉐이드, 매핑 등이 있다.

최근에는 효율적 · 객관적인 경관시뮬레이션을 위해 국토교통부의 디지털 트윈국토의 V-world(https://map.vworld.kr) 3차원 입체모형을 이용하면 지형, 건물, 경관, 기상, 지역 분석 등이 가능하므로 구축이 되어 있는 시군의 경우에는 이를 적극 활용하도록 한다.

a. 자연경관

자연경관을 대상으로 한 경관 예측의 경우 환경영향평가서 등의 작성에 관한 내용 중 경관분야를 근거로 살펴보면, 현지 조사를 거치고 구체적으로 식별 가능한 유색의 도상에 물리적 자연경관의 변화를 표현하는 방식으로 분석하도록 제시되어 있다.

아울러 자연경관의 변화가 클 것으로 판단되는 구역 및 구간에 대해서는 정밀한 현지 조사를 거쳐 변화되는 자연경관의 예측 시뮬레이션을 제시한다.

조망점은 자연경관 변화가 예측되는 면 혹은 선적 경계로부터 반경 약 50m에서 100m 사이의 구간에 개발사업의 시설 및 구조물에 의한 경관변화구역이 가시화될 수 있을 것으로 판단되는 3개 이상의 지점을 선정한다. 단 3개 지점은 자연경관의 변화 구역이 가장 잘 보일 수 있는 지점으로 한다.

경관시뮬레이션은 사업으로 조성되는 구조물, 시설물 등 각종 인공적인 형상물을 대상으로 하며, 경관적인 대응기법을 적용하지 않았을 때의 자연경관 변화 수준을 제시하는 방식으로 시행한다.

b. 인문경관

주요 인문경관 자원이 사업지역이나 노선 및 주변지역에 분포할 경우에는 시각적 구조의 변화 정도를 지형도 및 평면도 상에 표현하고 인문경관의 변화 정도에 대한 내용이 충분히 전달되도록 예측자료를 마련하도록 한다.

인문경관의 시각적 경관변화 정도는 ① 개발사업이 인문경관 자원을 직접적으로 경유 혹은 직접 저해하는 경우에 예상되는 변화와 ② 개발사업이 인문경관 자원의 주변을 경유 혹은 직접 저해함으로써 간접적 시각 구조상의 변화를 가져오는 경우로 구분하여 제시한다.

c. 조망경관

조망경관에 대한 예측은 (사업 시행으로 인한 경관변화를 살펴보기 위하여 선정한) 조망점으로부터 개발사업이 어떻게 조망되는가에 대한 경관시뮬레이션을 제시하도록 한다.

경관시뮬레이션 기법은 개략 예측한 경관 영향의 비중에 따라 그 정도와 기법 적용의 차이를 둘 수 있다. 단순히 스카이라인 검토와 도입시설의 크기, 규모 등의 실루엣만으로 경관 영향에 대한 의사결정을 할 수 있는 상황이라면 사진 촬영과 개발 전·후 컴퓨터 그래픽 합성으로 검토자료를 제시하는 것도 가능하다.

시뮬레이션의 정도, 기법 그리고 방법의 결정을 위해 평가와 의사결정을 충분히 지원해 줄 수 있는 최소 수준의 경제적 경관시뮬레이션 기법을 선정하도록 한다.

4.2 경관 영향평가 및 검토 과정

1) 경관 영향평가

국토의 경관을 바람직한 상태로 유지 관리하는 일은 매우 중요한 일이다.

환경부에서는 환경에 영향을 미치는 계획 또는 사업을 수립·시행할 때에 해당 계획과 사업이 환경에 미치는 영향을 미리 조사, 예측, 평가하여 새로운 환경에의 영향을 피하거나 최소화할 수 있는 환경보전방안 등을 마련하도록 하여 친환경적이고 지속가능한 발전과 건강하고 쾌적한 국민생활 도모를 목적으로 환경영향평가법을 지정하고 있다.

환경영향평가에서 검토하는 항목으로는 ① 자연생태환경, ② 대기질, 악취, ③ 수질, 해양환경, ④ 토지이용, 토양, 지형·지질, ⑤ 친환경적 자원순환, 소음·진동, ⑥ 경관, ⑦ 전파장애, 일조장애, ⑧ 인구, 주거, 산업 등이 있다.

본서에서는 ⑥ 경관에 관한 사항만을 중점적으로 살펴보기로 한다.

경관 영향평가에서는 제안된 사업의 분석, 사업이 시행될 주변 경관에 대한 이해, 사업안의 시각적 영향분석 및 경관 예측, 경관변화 및 훼손 여부 등 부정적 영향에 대한 저감방안 모색 등으로 나누어 볼 수 있다.

이 과정에서 제기되는 주요한 문제는 평가대상, 평가자, 평가시점, 평가도구, 평가항목 및 척도, 저감방안 등에 관한 것이다.

경관영향이란, 개발사업이 대상지와 그 주변 경관에 미치는 시각적인 영향을 가리키는 것으로 양자 간의 조화가 주요한 평가 포인트가 된다. 따라서 개발사업 자체의 특성뿐 아니라 그 사업이 어떠한 환경조건 하에 놓이게 될 것인가가 동시에 고려되어야 한다. 그러므로 사업지역의 경관유형과 주변 여건 등을 명확히 파악한 후, 해당유형에 따른 경관특성과 예상되는 훼손 요인 등을 고려한 사업규모나 성격 등을 설정하여야 한다.

경관영향 검토 시에는 ① 경관사업으로 인하여 경관 훼손 최소화 및 기존 경관과의 조화, ② 개발사업 시행 시 경관자원에 대한 조망이 차단되지 않도록 하천, 녹지, 도로 등을 활용한 경관축(통경축, 조망축) 확보, ③ 지형에 순응하는 토지이용계획 수립을 통해 과다한 지형 변화 등의 발생 여부를 점검하도록 한다.

경관관리의 목표를 설정하고 경관영향을 평가하는 과정에서 필요한 주요 내용과 방법에 대해서는 환경부, 산림청, 국토교통부 등의 관련 규정을 근거로 한다.

개발사업 등의 자연경관 영향에 대해서는 자연경관심의 지침(환경부 예규), 도시경관의 평가에 대해서는 경관법 및 경관계획수립 지침(국토교통부 고시), 산지전용 등에 따른 경관영향 검토 등에 대해서는 산지관리법 및 운영지침(산림청)과 유관기관에서 규정한 법령 및 계획(행정규칙 포함) 등이다.

2) 경관영향의 검토 과정

경관에 대한 영향을 살펴보기 위한 검토 과정은 그림 64와 같다. ① 대상지 위치와 경관유형 파악 등 사업안 특성 분석, ② 현황조사 및 분석, ③ 경관영향 검토를 위한 조망점 선정, ④ 경관영향 분석(훼손 여부 판단), ⑤ 경관영향 예측, ⑥ 저감방안 수립 ⑦ 최종 검토, 판단 후 승인, 시행 등이다.

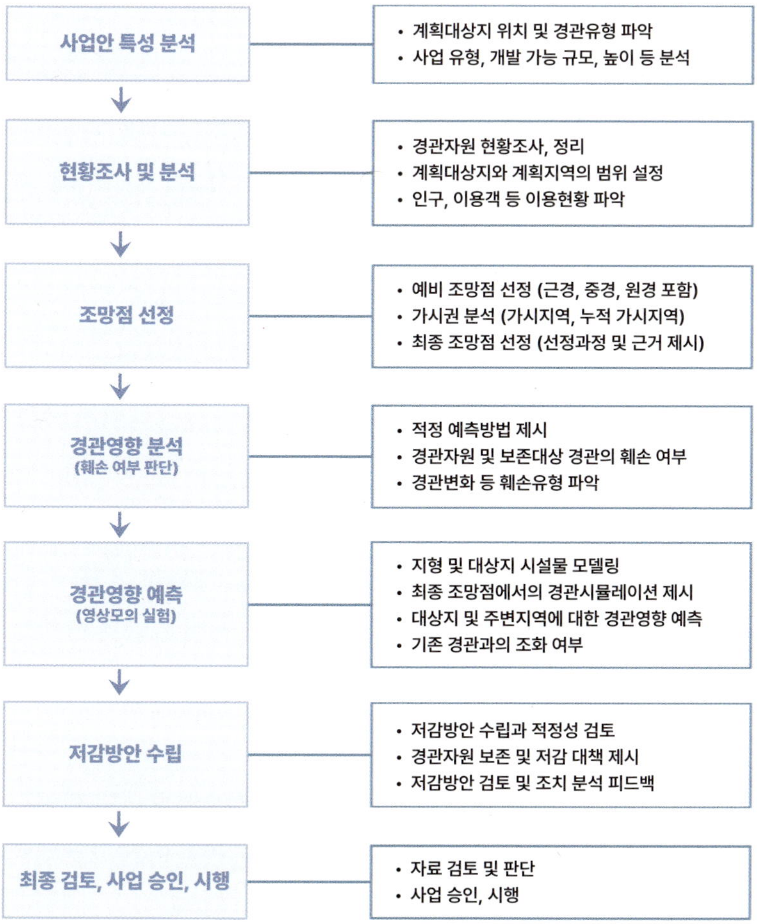

2-64 경관영향의 진행 과정 및 주요 검토 사항

4.3 조망점 선정 및 분석 기법

사업 시행으로 인한 경관영향 및 훼손 여부를 살펴보기 위해서는 대상경관을 체험하는 이용자 시점, 즉 조망점의 선정과 분석 기법이 매우 중요하다.

1) 조망점 선정 과정

사업 시행으로 인한 경관영향을 검토하는 기준이 되는 조망점의 위치는 대상지 및 주변 지역의 경관 및 지형특성, 이용특성, 경관변화 및 시설물 입지 등을 고려하여 정한다.

조망점 선정은 ① 예비 조망점 선정, ② 주요 조망점 선정, ③ 가시권 분석, ④ 최종 조망점 선정, ⑤ 조망 여부 판단의 과정을 거치게 되며 흐름을 정리한 것이 그림 65이다.

첫 단계로 『예비 조망점』을 선정한다. 『예비 조망점』은 현황조사에서 확인된 경관자원의 분포와 지역특성, 경관적 가치, 이용빈도, 공공장소, 현저한 경관변화가 예상되는 지점 등을 고려하여 다수의 지점을 선정하고 그 위치를 지형도에 표시한다. 필요시 내부 조망점과 외부 조망점을 구분하여 표시해 둔다.

다음에는 사업유형을 점적, 선적, 면적사업으로 구분한 후, 사업대상지의 성격과 사업 규모를 고려하여 조망점 선정범위를 정한다.

아울러 조망점은 다양한 방향에서 지역을 파악할 수 있도록 방향과 거리 등을 고려하되, 다수의 『예비 조망점』 중 근경, 중경, 원경 등 거리와의 관계를 검토한 후 사업대상지에서의 『주요 조망점』을 선별한다.

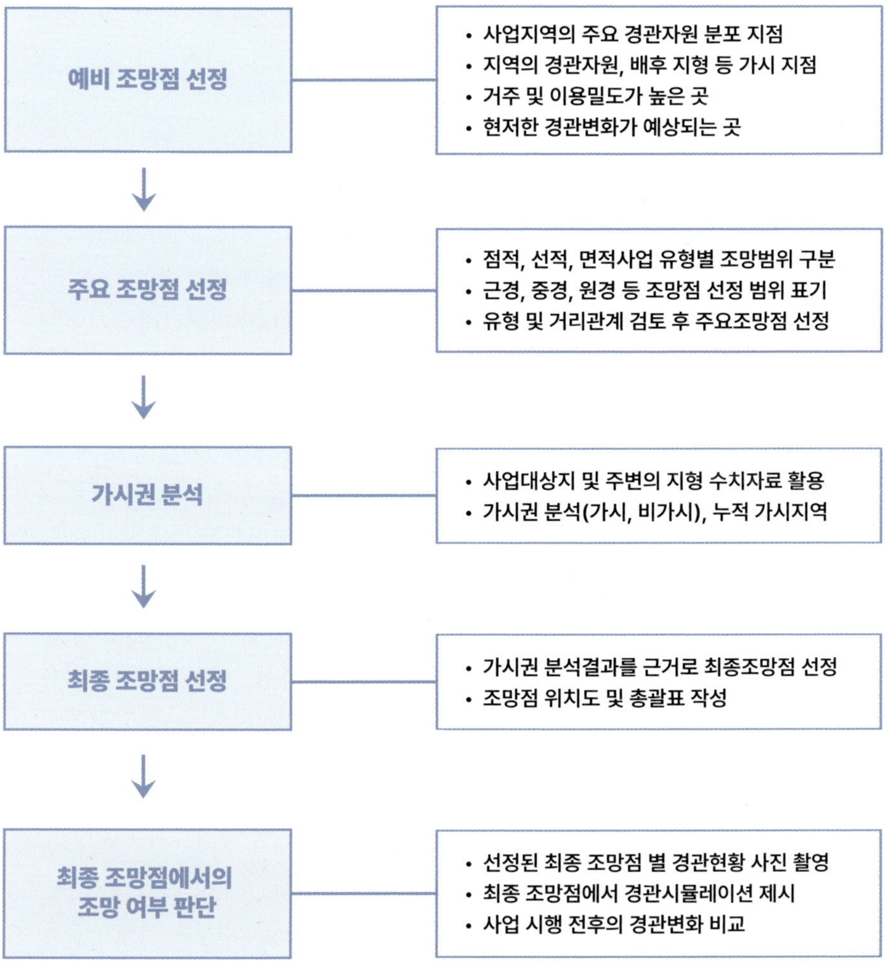

2-65 조망점 선정 흐름도

사업유형에 따른 차이를 살펴보면, 도로 신설이나 확장, 하천 정비 등 선적 사업의 경우는 사업대상지의 형태나 영향을 미치게 되는 범위가 점적 · 면적 사업과는 다르나 기본적으로 조망점 선정기준이나 검토 방법은 동일하다.

다만 선적 사업의 경우 사업대상지와 인접 지역과의 관계에 따라 조화된 경관이 만들어지기도, 부조화된 이질적 경관이 만들어지기도 할 가능성이 매우 높다. 그런 까닭에 경관변화 및 훼손 등의 문제점을 명확히 파악하고 판단할 수 있는 근거가 되는 조망점의 선정은 대단히 중요한 작업이다.

조망점 선정을 위한 구체적인 거리 기준은 점적 · 면적 개발사업의 경우에는 사업대상지를 중심으로 하고, 선적 개발사업은 도로나 하천 등을 중심으로 한다. 환경부 지침에 따르면 근경은 반경 500m, 중경은 1.0km, 원경은 2km 거리로 하나 대상지역이나 사업유형에 따라 거리 기준이 달라진다.

다음 단계로 거리범위에 따라 선정된 복수의 『주요 조망점』에 대한 가시권 분석을 시행하고 현장조사 등을 통해 가시성을 판단한 후 최종적인 조망점을 선정한다.

『최종 조망점』은 제시된 기준에 의거하여 정하되, 대상사업의 특성이 반영되도록 필요시 『최종 조망점』을 추가하는 등의 조정작업도 필요하다.

이상의 과정을 거쳐 선정된 『최종 조망점』에서 사업대상지 등의 조망 여부, 즉 가시, 비가시를 판단한다. 그리고 가시범위에 해당되는 조망점인 경우에는 경관시뮬레이션을 시행하는 등 사업시행 전후의 경관변화를 비교할 수 있는 자료를 작성한다.

2) 조망점 선정(예비 및 최종 조망점)

a. 조망점 선정 기준

『예비 조망점』은 사업대상지의 현황조사에서 확인된 경관자원의 분포와 지역특성, 경관적 가치, 이용빈도, 공공장소, 현저한 경관변화가 예상되는 지점, 접근거리, 조망 방향 등을 고려하여 다음의 기준에 따라 선정한다.

『예비 조망점』은 크게 3가지 관점 ① 경관 및 지형 특성, ② 이용특성, ③ 현저한 경관변화를 확인할 수 있는 지점으로 선정한다.

① 경관 및 지형 특성

명승, 문화 및 자연유산, 기념물 등 지역의 주요 경관자원이나 시설 등이 존재하는 장소와 그것이 조망되는 곳. 대상지역 전체 또는 일부가 조망되는 곳, 산 정상, 전망대 등 주변 조망이 가능한 지점, 지형 지세에 따른 노출 및 은폐가 가능한 지점, 경관자원의 경계 지점 등이다.

② 이용 특성

이용이 많은 도로나 교차로, 인구 밀집지 등 주요 거주지, 이동이 많거나 공공장소 등 다양한 활동이 발생하는 장소(주차장, 광장, 공원, 산책로, 관공서, 병원, 교통시설 등), 정체 예상 지역, 사업대상지로의 주 진입부, 부지 경계 및 접근도로, 배후 전경이 보이는 장소 등이다.

이용에 대해서는 지역주민의 의견을 수렴하여 조망점 선정 시 추가 반영하는 것이 좋다.

③ 현저한 경관변화

계획으로 인해 현저한 경관변화가 예상되는 곳, 사업 시행으로 인한 과다한 절성토 발생지역 및 그곳이 조망되는 지점 등을 조망점으로 선정한다.

그리고 사업대상지 배후 녹지 등의 차폐 유무 및 스카이라인 등과의 조화 여부를 검토할 필요가 있는 지점, 즉 상호 비교분석이 가능한 지점 등도 추가로 선정한다.

b. 조망 거리 기준 및 조망 방향

경관 예측 및 평가를 위해서는 거리를 고려한 조망점 선정이 필요하다. 그 이유는 경관은 거리에 따라 다른 모습으로 조망되며 그 특성 또한 변하기 때문이다.

따라서 사업 시행으로 인한 경관변화 및 대상지역의 경관적 특성을 잘 파악하기 위해서는 근경, 중경, 원경으로 거리를 구분하고 각 범위에 해당되는 조망점을 선정하도록 한다.

그림 66에 제시된 바와 같이 조망점은 근경(近景)은 반경 500m 이내의 범위를, 중경(中景)은 0.5~1.5㎞ 범위, 원경(遠景)은 2.5~10.0㎞의 거리를 기준으로 선정한다.

조망점 선정은 사업대상지를 기준으로 가시거리에 따라 구분하나, 대상지역이 자연지역인지 도시지역인지에 따라 거리 구분에 다소 차이가 있다.

예를 들어, 대상지역이 분지이거나 지형 등에 의해 둘러싸여 외부에서의 조망이 불가능한 상황에서는, 중경이나 원경에 해당되는 조망점이 불필요한 경우도 있다.

조망점 선정거리를 경관을 바라보는 인간의 시점과 인지 한계(시거리) 등을 근거로 한다면(사람과 사물, 풍경의 관계) 근경은 0~135m, 중경은 500m~1.2㎞, 원경은 2.4㎞ 이상으로 보는 것이 타당하다(2장 3-4의 기준 참조).

조망 방향은 실제 이용자의 시점 방향 또는 계획 후 이용이 예상되는 방향을 기준으로 하여 정하되, 각 조망점의 상황에 따라 달라지며 필요시에는 추가 분석을 시행하여 정하도록 한다.

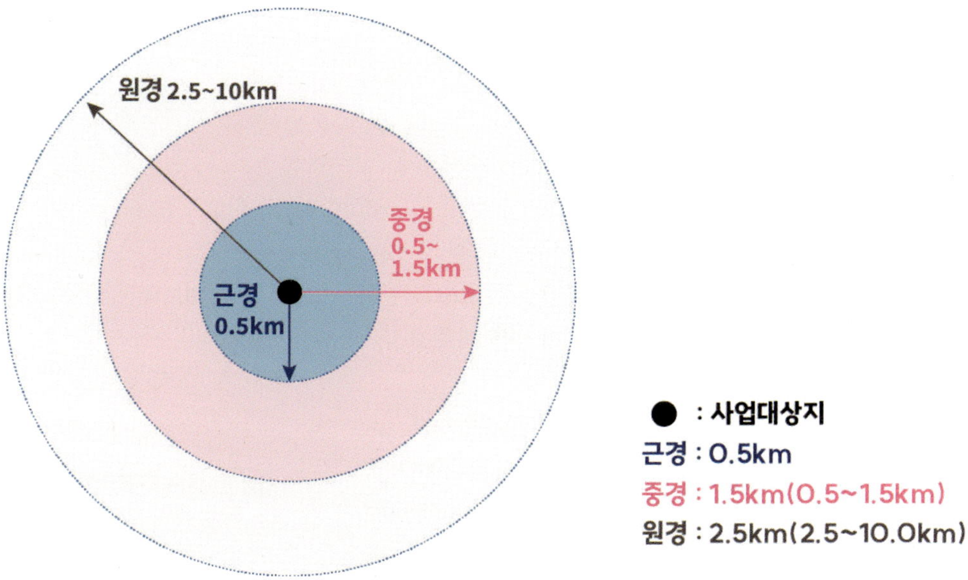

2-66 조망점 선정을 위한 거리 기준

- 조망(View) : 관찰자와 일정한 거리를 두고 한눈에 바라보이는 대상물과 그 주변 환경

- 조망점(View Point) : 조망대상을 바라다볼 수 있는 지점을 말하며, 시점(視點)이라고도 함. 경관영향을 판별하는 기준지점으로 활용

- 조망분석 : 대상 경관에 대한 주요 조망점에서의 조망 양상을 분석하는 것을 말하며, 주요 조망점을 선정하고 경관자원을 파악하고 가시지역을 분석하는 등의 일련의 과정

- 가시권 : 특정 조망점에서 보이는 대상지역의 시각적 범위

- 가시지역분석 : 지형적 특성에 의해 생기는 시각 영향권을 파악하기 위해 기준점(조망점)에서 보이는 영역을 확인하는 것

- 누적 가시지역분석 : 다수의 조망점에서 가시지역 분석 결과를 누적하여 중첩한 것으로 주요한 시각 영향권을 파악하는 것

- 스카이라인(Skyline) : 지형·지물의 윤곽선이 하늘과 맞닿아 드러난 선

- 산지경관 : 산세 및 산줄기 등의 지형적 특징과 산지에 부속된 자연 및 인공 요소가 어우러져 심미·생태적 가치를 지닌 자연과 인공의 조화를 통해 형성되는 경치를 뜻함

- 산지경관 영향 모의실험 : 산지전용 등이 산지경관에 미치는 영향을 확인하기 위하여 산지전용 등의 전후 경관변화 양상에 대해 비교분석하는 모의실험 전 과정을 뜻함

c. 조망점 선정 사례 검토

조망점은 계획대상지 및 주변 지역(계획지역) 내에 존재하는 모든 지점을 선택할 필요는 없다.

왜냐하면 경관이란 인간의 존재를 전제조건으로 하므로 인간의 시점이 형성되지 못하는, 즉 접근이 불가능한 장소에 조망점을 선정하는 것은 무의미하기 때문이다.

비교적 어디든 접근이 가능한 도시지역과는 달리 자연지역 특히 산지 경관 지역에서는 지형 지세 등 주어진 환경조건에 따라 접근이 전혀 불가능한 장소도 다수 존재한다. 또 외부 또는 내부로의 조망이 차단되는 경우도 많다.

해양 및 수변 경관지역은 높은 개방성과 조망 확보가 용이하다는 점에서는 산지 경관지역과는 다르나, 수공간은 시각적 개방성은 높은 반면 접근성 측면에서 보면 조망점 확보가 제한적이라는 한계가 있다. 단 도시지역 내에 존재하는 하천의 경우에는 수공간, 즉 하천의 폭원에 따라 조망점 및 대안(對岸, 맞은편) 경관의 형성 여부가 좌우되기도 한다.

그러므로 경관 영향을 살펴보기 위한 조망점 선정은 사업이 이루어지는 지역이나 사업 성격에 따라 달라져야 한다.

아울러 사업대상지를 중심으로 일정한 거리와 간격으로 조망점을 선정하거나, 주변 여건을 무시하고 일률적으로 모든 방향에서 조망점을 선정하는 것은 무의미한 작업으로 전문성 결여로 인한 결과라 생각된다.

경관에 관한 전문지식이 어느 정도 있는 사람이라면 지형도(지도)를 살펴보는 작업만으로 경관 예측을 위한 조망점으로 적절한지 아닌지를 판단할 수 있기 때문이다.

물론 1차로 『예비 조망점』을 선정한 후 다시 조망점을 선별하는 과정을 거치기는 하나, 그렇다고 해서 대상지가 보이지 않을 것이 명확한 다수의 지점을 조망점으로 선정하고 다시 가시권 분석을 시행하는 것은 비효율적이라는 사실은 확실하다.

그렇다면 이번에는 임의의 대상지를 선정하여 보다 구체적인 조망점 선정 방법에 대해 살펴보기로 하자.

① 내륙지역에서의 조망점 선정 예시

조망점은 근경 · 중경 · 원경의 가시거리를 근거로 여러 방향에서 고르게 선정하는 것이 원칙이다. 그러나 실제로는 대상지 주변의 지형 지세 및 시점 자체의 존재 여부를 판단하여 선택하여야 한다.

그림 67은 계획대상지를 중심으로 근경(0.5㎞ 이내), 중경(0.5~2.5㎞ 이내), 원경(2.5~10㎞ 이내)의 거리를 기준으로 조망점 선정 범위를 표시한 것이다.

선정된 조망점들을 확인해 보면 산림지역의 경우에는 도로가 없는 장소 또는 일반인들의 접근이 어려운 지점이 다수 포함되어 있는 것을 확인할 수 있다. 이처럼 일상적인 시점이 형성되기 어렵거나 불가능한 장소를 조망점으로 선정하는 것은 부적절한 방법이다.

따라서 산지경관을 검토하는 경우에는 접근 자체가 불가능한 장소이거나 특별한 목적으로 사용되는 제한된 등산로 등은 조망점에서 제외하도록 한다.

본 예시에서는 이해를 높이기 위해 지형도 상에 표기된 조망점 중 접근이 어렵거나 동선이 존재하지 않아 조망점으로 선택해서는 안 될 지점을 별도로 구분하여 표기했다. 단 지형 지세에 의한 검토는 시행하지 않았다.

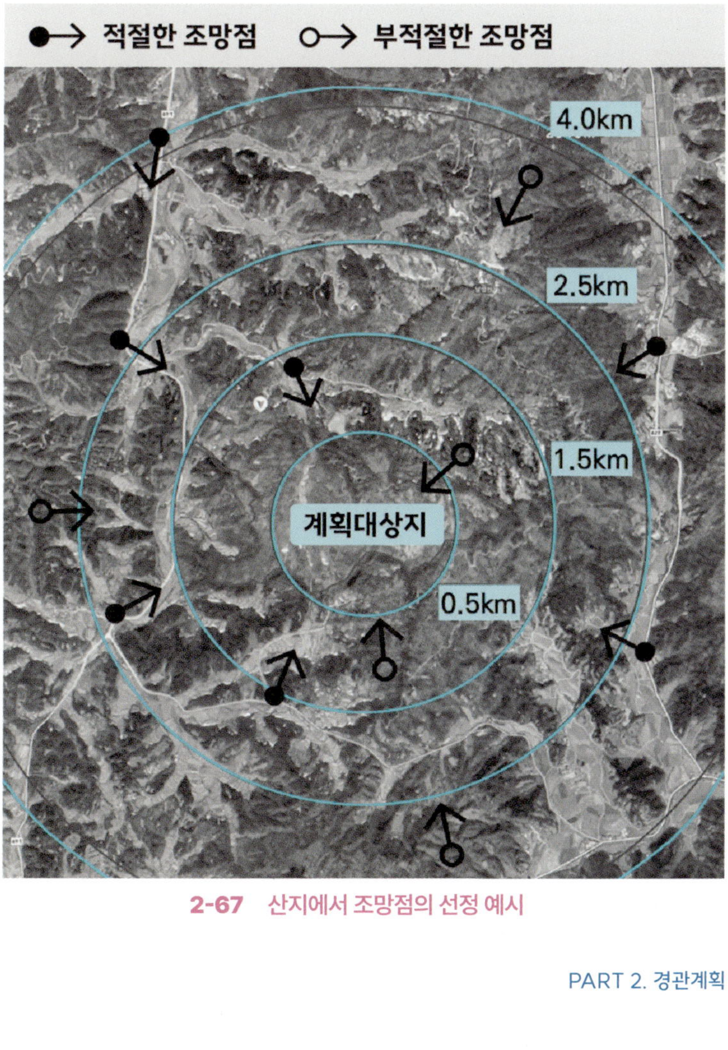

2-67 산지에서 조망점의 선정 예시

정리하자면 단순히 기계적으로 일정 거리에 따라 혹은 평면상에서 조망점이 골고루 분포되도록 배치, 선택하는 방식의 조망점 선정은 지양하고, 산지경관의 특성 및 경관변화를 효과적으로 살펴볼 수 있는 지점을 면밀히 파악하여 조망점으로 선정하여야 한다.

그러나 지형도상에서 가시 여부를 쉽게 판단하기 어려운 경우나 가변적인 요소가 작용할 것으로 예상되는 경우, 그리고 주요 접근도로나 경관자원이 존재하는 지점에서는 대상지가 노출되지 않는다는 분석 등 근거 제공을 위해서라면 그러한 조망점 선정도 필요한 작업이 될 것이다.

추가로 계획대상지와 주변 지역 등 광범위한 가시영역을 파악하거나, 전망대 등 새로운 조망점을 개발하기 위한 목적으로 시행하는 경우라면 의미가 있다.

② 해양 지역에서의 조망점 선정 예시

해양 지역에서의 조망점 선정 방법도 내륙지역의 경우와 마찬가지이다.

바다와 접하고 있는 지역에서 사업 시행으로 인한 경관 영향을 검토하기 위해서는 내륙 측에서의 조망과 해양 측에서의 조망 모두를 고려하는 등 유효 조망점을 찾아내는 작업이 필요하다.

경관 예측 및 평가를 위한 조망점 선정은, 내륙부와 해안 주변에서의 조망 그리고 해양에서 접근하면서 내륙을 바라보는 경우와 인접 또는 건너편 내륙이나 섬에서의 조망 등 다양한 위치와 방향에서 이루어져야 한다.

그림 68은 계획대상지를 인접도로 및 해양 측에서 바라볼 때 경관 영향을 검토하기 위해 선정된 조망점 예시이다.

계획대상지를 중심으로 일정 거리 0.5㎞, 1.0㎞, 2.0㎞를 확보한 후, 그 범위 내에 있는 도로와 인접 마을, 경관자원 등 그리고 바다와 해안 주변 등이 조망점으로 선정되었고 조망 방향도 표기되어 있다.

그러나 해상에 선정된 조망점 3개소, 즉 가시거리 1.0~2.0㎞범위 내의 지점 등은 시점 자체가 형성되기 어려운 곳이므로 무의미한 작업이다.

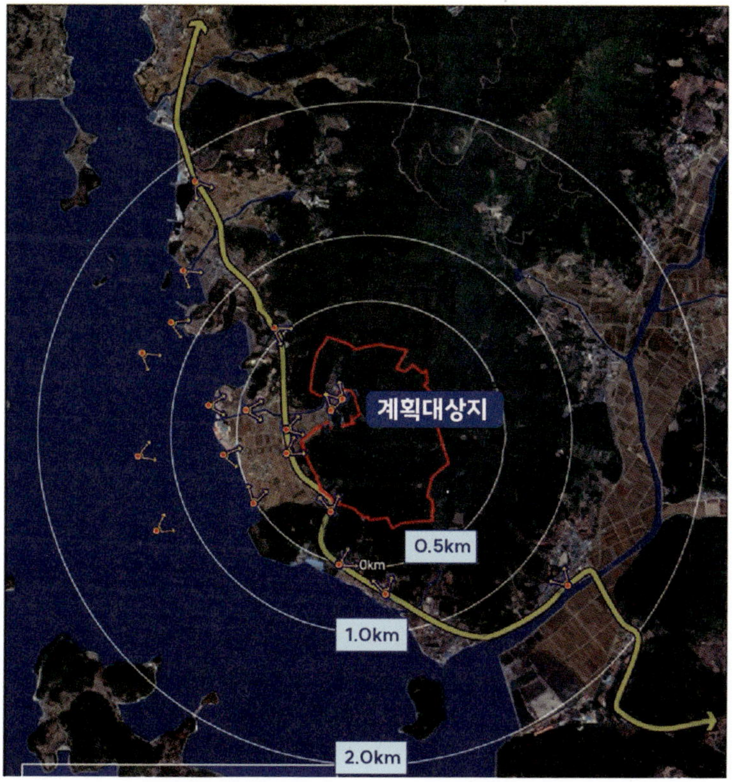

2-68 해양경관 검토를 위해 선정된 조망점 예시

이처럼 해상의 조망점을 임의의 거리와 간격 등으로 선정해 버리는 실수를 범해서는 안 될 것이며 또 자주 발견되는 오류이기도 하다.

육지에서 도로가 주요 조망점(시점)으로 작용하는 것과 마찬가지로, 바다에서도 실제 선박의 이동을 위한 바닷길이라는 것이 정해져 있다.

따라서 기존의 선박 항로를 조사한 후, 이 노선을 기준으로 해상 조망점이 선정되어야 하며, 그 외의 지점은 통상적인 접근이 어려워 공공성이 떨어지는 지점이므로 해상 조망점으로 선정하는 것은 부적절하다.

물론 이 경우에도 새로운 항로를 개척할 계획이 있다면, 반드시 계획 항로상에 추가로 새로운 해상 조망점을 선정하고 그 지점에서의 경관변화까지도 살펴보아야 할 것이다. 반대로 폐지가 결정된 노선이 있다면 조망점 선정 대상에서 제외 해야 한다.

그렇다면 동일한 대상지를 예시로 사용하여 조망점을 선정하는 방법을 살펴보기로 하자. 대상지는 산과 바다가 인접해 있는 곳으로 내륙과 해양 양측 모두에서의 경관검토가 이루어져야 한다. 그러나 여기서는 해양 측을 중심으로 대상지의 경관 현황 및 변화 검토를 위한 조망점 선정을 해보자.

앞서 소개한 그림 68과는 달리 그림 69에는 바다에 각각의 섬과 육지를 연결하는 선박의 이동노선, 즉 항로가 표기되어 있다.

해상에서도 기존에 정해져 있는 선박 항로를 통해서만 이동이 가능하기 때문에 우리들이 실제로 체험할 수 있는 경관 및 조망영역은 이 항로상의 시점들을 통해서 얻어질 수밖에 없다. 이는 산지에서 도로가 없어 접근 자체가 불가능한 지역에 조망점을 선정하지 않는 것과 동일한 이유라 하겠다.

따라서 이 사례에서 사업대상지를 해양 측에서 바라보기 위한 조망점의 선정은 당연히 선박의 운항 항로 선상에서 이루어져야 할 것이다.

2-69 해양 측에서의 조망점 선정 예시

그림 69의 예시와 같이 해양경관을 검토 대상으로 하는 경우, 바다에는 섬 이외에는 장애물이 거의 존재하지 않는다는 장소라는 점, 그리고 기상조건에 따라 가시상황, 즉 시정(視程)이 향상될 수도 또는 악화될 수도 있다는 점을 고려하여 조망점 선정의 한계 범위를 탄력적으로 선정하고 운영해야만 한다.

또 한 가지 유의해야 할 점은 인근에 위치한 섬에서의 조망점 선정 방법이다.

도서지역이든 내륙 해안지역이든 배가 오가는 선착장은 경관성 검토에 매우 중요한 지점으로 반드시 조망점으로 선정해야 한다. 그 이유는 우리가 배를 타고 선착장으로 접근하거나 떠나갈 때는 항구 및 선착장 주변의 경관을 바라볼 기회도 정체하는 시간도 늘어날 수밖에 없기 때문이다.

다만 섬 지역은 환경 여건상 사람이 거주하거나 도로가 개설되어 있는 장소가 극히 제한된 경우가 많으므로, 현지 조사 및 지도 등 관련 자료를 통해 위치를 확인한 후 조망점을 선정해야 한다. 그림 69에서도 동일한 섬에서 선정한 조망점이 적절한 경우와 부적절한 경우가 나타나 있는데, 이는 선착장이 위치한 지점과 접근이 불가능한 지점의 차이에서 기인된 것이다.

또한, 인근지역 섬에서의 조망을 검토하는 경우라면, 인간의 거주 여부, 즉 유인도이냐 무인도이냐에 따라 조망점 선정 여부를 판단해야 한다는 것도 숙지해야 할 부분이다. 그러므로 통상적 시점이 형성되기 어려운 무인도는 조망점 선정에서 제외하도록 한다.

마지막으로 지형 지세를 살펴보아 사전에 가시 여부를 판단하여 조망점 선정 가부를 판단하는 것도 전문가의 역할이다. 실제 우리들이 접하는 것은 3차원 지형이며 현장 여건에 따라 상황이 달라지는 경우도 생각할 수 있으나, 작업의 효율성을 위해서는 큰 틀에서 가시 및 차폐 여부 등은 미리 판단해 두는 것이 좋다.

그림 69의 대상지 남측에서 접근하는 도로선상의 조망점과 남측 해상의 항로상에 선정한 조망점은 부적절한 것으로 표기되어 있다. 그 이유는 두 경우 모두 지형 여건상 대상지가 조망되지 않을 것으로 판단하였기 때문이다.

③ 대안경 검토를 위한 조망점 선정 예시

이번에는 수공간과 접하고 있는 내륙 및 도서 등 수변에서 연출 가능한 경관특성에 대해 살펴보기로 하자.

대상지를 맞은편 해안에서 바라보는 경관을 대안경(對岸景)이라 하는데, 일반적으로 해양뿐 아니라 하천, 호수 등 물(水)과 접하는 공간을 계획하는 경우 자주 거론되는 개념이다.

서로 마주하는 구성요소에 의해 만들어지는 이 경관 유형은 두 요소 사이에 존재하는 공간의 성격에 따라 매우 다양한 이미지를 만들어낸다는 특성을 갖는다. 그리고 이 개념은 수공간뿐만 아니라 때때로 내륙지역에서 넓은 도로와 마주하고 있는 도시지역의 공간에서도 적용 가능하다.

그림 70~73은 수공간을 사이에 두고 서로 마주하는 위치에서 형성되는 경관이다. 사례 사진에서 확인할 수 있듯이 시점(사진을 촬영한 지점)과 경관대상 사이에 수공간이 존재하는 경우에는, 장애물이 없는 열린 공간이 존재하게 되므로 개방적 조망시야가 확보되는 경관구성이 만들어진다.

게다가 체험자 시점과 수공간 건너편 공간과의 이격거리에 따라, 맞은편 대상이 전체적인 형태에서 세부 디테일까지 보이는 다양한 경관체험이 가능하다는 차이가 있다.

따라서 이격거리, 즉 도시하천의 경우라면 강의 폭에 따라 시거리가 달라지며 그로 인한 인지 범위의 차이도 발생하므로 이러한 공간 특성을 적극 반영한 경관디자인이 이루어져야 할 것이다.

2-70 시드니 오페라하우스를 맞은편 공원에서 조망. 경관대상물의 전체 형태 및 주변 경관과의 조화가 인지되는 중 · 원경역이 확보. 호주

70

2-71 도시 내의 수로 맞은편에서 바라본 경관. 근·중경역으로, 건축물 정면형태 및 세부디테일이 인지되는 배치. 암스테르담. 네덜란드

2-72 코펜하겐 뉘하운(Nyhavn) 항의 경관. 인공적으로 조성된 수로 맞은편의 건축물 배치 및 세부디테일 인지가 잘 되는 근경역. 덴마크

2-73 런던 템즈강 맞은편에서 조망. 시점과 경관대상 사이에 열려진 수공간의 존재로 건축물군의 형태 및 스카이라인이 잘 인지되는 중경역. 영국

2-74 교량 건너편 원경 및 도로 교차로 등 다방향에서 조망 가능. 스톡홀름. 스웨덴

2-75 템즈강 교량 위에서의 조망. 근경 에서 원경까지의 다양한 경관체험이 가능. 런던. 영국

그림 74와 그림 75는 하천을 연결하는 교량 위에서 맞은편을 조망한 것이다.

두 사례 모두 『시점』과 평행하는 양측 방향은 근경으로, 수직 방향으로는 원경이 인지되는 등 다양한 영역의 경관이 동시에 인지되는 경관특성을 갖는 『시점』 또는 『시점장』이 형성되고 있다.

이와 같은 사례는 다양한 공간연출 및 관계 조작이 필요한 경우 활용 가능한 경관디자인이다.

이번에는 배를 타고 수공간 위에서 내륙을 바라보는 경관을 생각해보자.

그림 76~78은 선박 위에서 경관대상을 바라본 사례이다.

그림 76은 이탈리아 카프리섬(Capri)으로 가는 선상에서 경험할 수 있는 해양 도서경관의 모습이다. 선착장에서 배를 타고 섬으로 떠나가거나 대상지에 도착하면서 조망되는 경관으로, 근경에서 중경, 원경으로 이어지는 연속적 경관변화를 체험할 수 있는 사례지이다.

2-76 카프리섬으로 접근하면서 조망. 원경에서 근경까지 연속적 경관 체험이 가능. 이탈리아

76

그림 77과 그림 78은 배를 타고 해상으로 나와야만 체험할 수 있는 경관으로, 바다에서 시가지 건축물군의 배치와 입면을 볼 수 있는 움직이는 흥미로운 『시점』, 『시점장』이다. 아울러 건축물 하나하나의 디테일과 스카이라인 감상이 가능한 사례지이다.

77

2-77 시드니에서 배를 타고 시가지를 조망. 바다 시점에서만 가능한 경관체험이 가능. 호주

2-78 베네치아에서 배를 타고 수상도시를 조망. 선상 시점에서만 가능한 경관 체험. 이탈리아

78

2-79 배를 타고 바다에서 시드니를 조망. 시점 위치에 따라 연출되는 경관은 확연히 달라짐. 호주

이에 비해 그림 79는 수변공간을 따라 배로 이동하면서 조망되는 경관으로, 일정 범위 내에서 연속적인 경관변화와 체험이 가능한 사례이다. 특히 그림 79는 바다 측 『시점』에서 시드니의 상징적인 랜드마크 오페라하우스(Opera House)와 하버 브리지(Harbor Bridge)를 바라본 것이다.

앞서 오페라하우스와 마주하고 있는 공원에서 바라본 그림 70과 비교해 보면, 『시점』의 위치에 따라 동일한 대상과 주변 경관이 확연히 달라지는 것을 알 수 있는 흥미로운 예시이다.

이 사례에서는 『시점』과 『주대상』 상호 간의 조망 위치 및 방향 등의 관계가 실제로 경관디자인에 미치는 영향이 매우 크다는 것을 확인할 수 있다.

2-80 생말로(Saint Malo) 항구의 화물창고를 바다 측에서 조망. 시거리를 고려한 저감 대책이 필요. 프랑스

사진 80은 프랑스 생말로(Saint Malo) 항구에 있는 화물창고를 바다 측에서 바라본 경관 사례이다.

이곳은 창고와 인접하고 있는 도로, 즉 반대측 입구에서는 다수의 건물군이 복잡하게 배치되어 있어 전체 모습을 바라보기는 어려운 구조이다. 그러나 반대측, 즉 건너편 호안 또는 배를 타고 이동하면서 바라보게 되면, 어두운 이미지의 구조물 전체가 노출되고 있어 수변에 인접 배치된 화물창고 등이 만들어내는 경관은 크게 다를 것으로 예상된다. 게다가 이 사례에서는 『주대상』과 『시점』 사이에 장애물이 없는 수공간이 존재함으로써 경관 저해요소가 그대로 노출되어 실제보다 경관 훼손이 더 부각되어 보인다.

따라서 이러한 대안경이 형성되는 상황이라면 『시점』과 『주대상』과의 시거리를 확보하는 등 상호관계를 고려한 중 · 원경에 대한 저감방안을 적극적으로 마련하는 대책이 필요해 보인다.

이상에서 살펴본 사례와 같이 하천 및 바다 등 수공간과 마주하고 있는 경우 가장 주목해야 할 경관적 특징은, 조망되는 대상과 인간의 시점(조망점) 사이의 공간이 열려있다는 점이다. 즉 개방적인 수공간이 조망 대상과 인간의 시점 사이에 놓여있기 때문에 대상이 아주 잘 인지된다.

특히 대상과 일정 거리를 확보함으로써 대상 전체의 형태나 구성 등을 인지하는 것이 가능하다는 장점이자 단점도 생겨난다. 게다가 그사이에 놓인 공간은 쉽사리 변하지 않으며 지속적으로 유지되는 경관구성 요소로써의 역할을 한다.

이것은 경관변화 및 경관 영향 등의 검토에서뿐만 아니라, 경관계획 수립의 초기 단계에서부터 적극 활용하여야만 할 공간 특성이자 핵심적인 경관 구성요소의 하나라 볼 수 있다.

이러한 대안경을 검토하기 위한 조망점의 선정은, 가시거리, 시점의 존재 여부, 차폐 정도 등을 기준으로 한다.

가시거리(可視距離)는 통상적으로 근경(0.5㎞ 이내), 중경(0.5~2.5㎞ 이내), 원경(2.5~10㎞ 이내)을 기준으로 하되, 대안경이 성립되는 특히 해양과 같은 지역에서는 조망가능한 가시영역이 확장된다는 점을 간과해서는 안 될 것이다.

따라서 대상지 주변의 환경 여건을 고려하여 가시거리의 범위를 조정한 후, 각각의 조망점을 선정하는 것이 바람직하다.

그리고 다소 먼 곳이라 가시권 밖이라 하더라도 해양의 기상 상황에 따라 수십 ㎞ 거리까지 조망되는 경우도 있으므로, 일단 대상 범위에 포함시켜 조망 가능 여부를 살펴본 후 최종 판단을 내리는 것이 바람직한 방법이 되겠다.

3) 가시권 분석(Visibility Area Analysis)

a. 가시권 및 가시빈도 분석

① 가시권 분석

가시권 분석이란 특정지점에서 대상지역을 조망하였을 때 조망 가능한 가시범위를 분석하는 것으로 경관분석, 조망권역에 대한 예비분석, 가치평가 등에도 널리 사용되고 있는 기법이다.

경관대상지에서 『주요 조망점』이 선정되고 나면 그 지점을 중심으로 가시권 분석을 시행한다. 그리고 가시권 분석 결과를 근거로 사업 시행으로 인한 경관영향, 즉 기존 경관에 현격한 변화나 경관 훼손 등이 가시(조망) 될 것으로 예상되는 지점을 파악한다.

아울러 현지 확인 등을 통해 그 지점에서의 가시성을 판단한 후, 『최종 조망점』 선정을 확정한다. 이 때 가시성 판단을 위해서는 『주요 조망점』에서 대상지 및 주변지역이 보이는지 아닌지를 판단하는 과정을 통해 『최종 조망점』이 선정된다.
(http://www.innovativegis.com/basis/mapanalysis/topic15/topic15.htm)

가시(可視)란, 특정의 시점에서 대상이 인간의 눈에 보이는지 보이지 않는지를 나타내는 지표로, 보이는 경우를 가시(Visibility), 보이지 않는 경우를 비가시(非可視, Invisibility)라 한다.

가시권(Viewshed, Visibility Area)이란 눈으로 볼 수 있는 범위, 즉 특정지점에서 관측할 수 있는 범위로서 사람이 수평 방향으로 볼 수 있는 가시선(Line of sight)의 영역을 의미한다.

이와 반대되는 개념으로 대상이 앞에 있는 지형이나 건물 등 장애물에 의해 보이지 않게 되는 영역을 비가시권(Invisibility Area)이라 한다.

가시권과 비가시권의 도출에는 수치화된 지형정보(DTM:Digital Elevation Model)를 바탕으로 시점과 대상 사이의 조망 확보, 즉 시선의 차단 여부를 판단하여 계산 해내는 가시권 분석이라는 기법이 사용된다. 가시지역은 일반적으로 GIS(Arcview, Arc GIS, Auto cad 등) 등의 3차원 가시권 분석 도구를 사용하여 파악한다.

물론 가시권 또는 비가시권의 판단은 단순히 시점과 대상과의 거리만이 아니라 3차원 입체공간의 위치 관계가 작용하게 된다. 그래서 차후 지형 지세 및 주변 환경 등을 고려한 조정작업은 필수적이다. 그리고 이 분석자료는 경관계획 및 경관평가를 진행함에 있어 대상지에서 내부 또는 외부가 보이는지 그렇지 못한지를 판단하는 근거로 활용된다.

역으로 특정지점에서 대상물이나 대상지역이 조망되는지 혹은 차폐되어 조망되지 않는지를 살펴보는 유용한 자료가 되기도 한다. 이에 관련된 개념으로 역방향 가시권이라는 것이 있다.

역방향 가시권 분석이란 관찰자가 대상지를 보는 시준선을 역으로 활용하여 유효한 조망점을 찾는 방법으로, 조망이 우려되는 지점을 조망점으로 선정하고 가시지역을 분석하여 불필요한 조망점 선정을 줄여주는 방법의 하나이다.

② 가시빈도 분석

가시빈도란 가시되는 빈도수를 의미한다.

가시빈도 분석이란 여러 조망점(시점)에서 대상지를 바라보았을 때 대상지 영역이 몇 개의 조망점에서 가시되는 가를 파악하는 방법이다.

정리하자면 대상지 내외 다수의 시점에서 특정 영역이 보이는지 아닌지, 즉 가시권 및 비가시권에 대해 분석하고 그 빈도를 살펴보는 것을 가시빈도 분석(Viewshed Frequency Analysis)이라 한다.

가시빈도 분석은 가시 여부가 빈도로 표현되기 때문에 중요한 가시 위치와 잘 보이지 않는 위치(개발로 인한 경관영향이 비교적 미미할 것으로 예상되는 장소 및 영역 등) 등의 파악이 가능한 기법이다. 가시빈도 분석은 가시권과 비가시권에 대한 분석의 질을 한 차원 더 높일 수 있다는 점에서 그 의의가 있다.

이제 가시빈도의 개념을 도식으로 살펴보기로 하자.

그림 81은 가상의 대상지에서 임의로 3개의 조망점을 선정하고, 각각의 조망점에 대한 가시영역 및 비가시영역의 분석을 통해 가시 빈도분석을 시행하는 과정을 나타낸 것이다.

우선 대상지에서 조망점을 선정한다. 그리고 선정된 a, b, c의 조망점에서 각각 가시권 분석을 시행한다.

그 후 조망점 3개소의 가시·비가시에 대한 분석 결과를 중첩시키게 되면 가시빈도를 파악할 수 있다. 이때 0, 1, 2 등의 숫자는 가시 또는 비가시의 빈도수를 의미한다.

대상지에서 임의로 선정한 조망점 위치

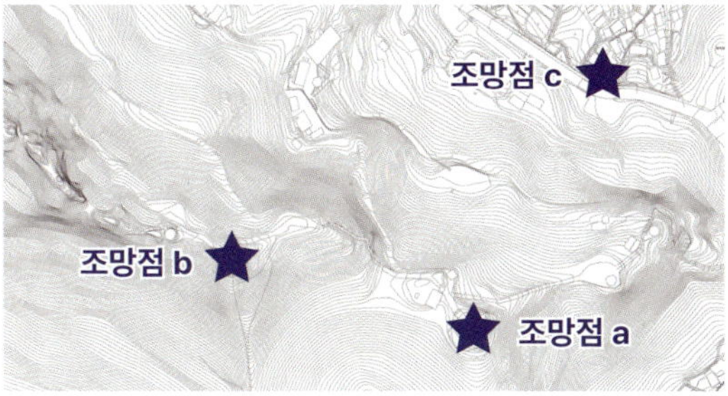

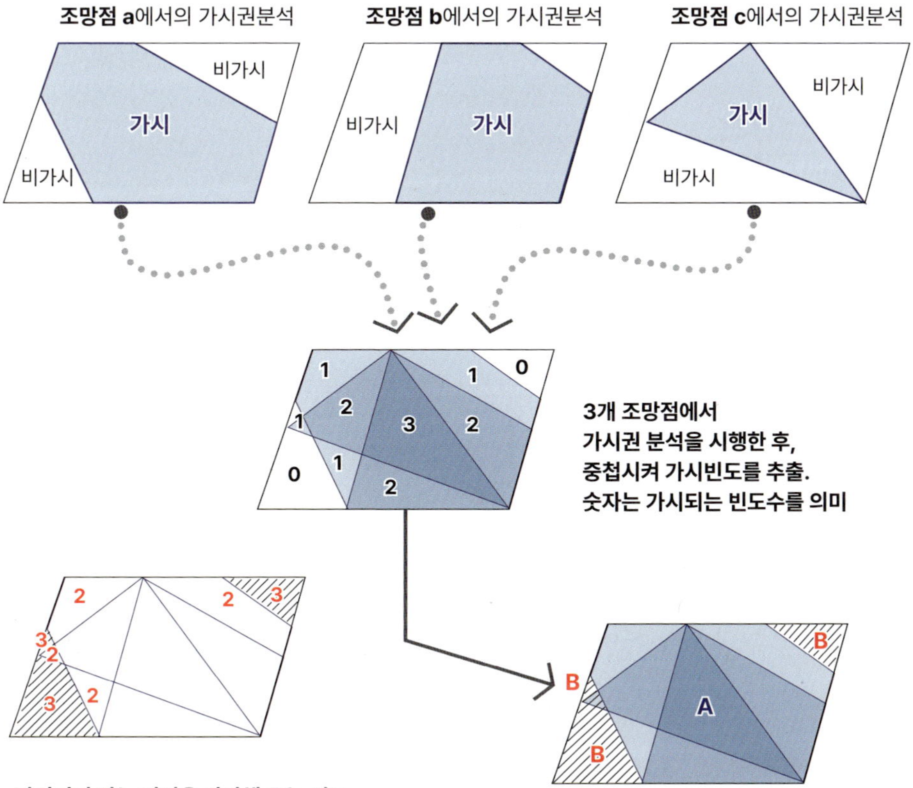

가시되지 않는 영역을 파악해 두는 것도
경관계획에서는 필수적 사안임.
적색 숫자는 비가시 빈도수를 의미

A : 가시빈도가 높은 영역
B : 비가시빈도가 높은 영역

2-81 가시권 · 비가시권 분석 및 가시빈도 분석의 개념

그림 81에서 보는 바와 같이 대상지 내에서의 위치, 즉 영역에 따라 조망점에서 보이는 빈도가 달라지는 것을 알 수 있다. 그리고 이러한 분석 결과는 경관계획에서 매우 과학적이고 객관적인 근거자료로 활용 가능하다.

분석 결과 얻어진 가시빈도 분포도는 경관보전지구의 선정이나 범위조정 등의 근거가 되기도 하며, 아울러 개발 가능한 지역이나 규모를 검토하는 데도 활용된다.

역으로 각 시점에서 확보 가능한 가시권(가시영역)을 상호 비교함으로써 우수한 경관요소 및 지역이 잘 보이는 시점을 선정하고, 이것을 전망대 위치를 결정하거나 조정하는 등의 작업에 활용하기도 한다.

실제 사업 시행에 있어서는 시점과 대상과의 거리, 시야의 범위, 방향, 높이차, 각 시점의 이용자 수 등을 중첩 시켜가면서 도입되는 구조물이나 관련 시설 등의 위치를 정하게 되는 경우가 많다.

b. 비가시영역 활용

보이지 않는 비가시권을 경관계획에 활용하는 방법을 살펴보자. 그림 82는 관찰자 『시점(조망점)』에서 어떤 대상을 바라보는 경우, 기존 지형조건에 의해 달라지는 가시범위를 나타낸 것이다.

그림에서 지형과 관찰자 시점의 관계를 살펴보면, 가시영역과 비가시영역의 범위를 파악할 수 있다.

그런데 산지 등의 지형요소에 의해 차폐되는 비가시권의 경우 a, b, c 각각의 위치에 따라 수직 구조물의 한계높이가 Ha, Hb, Hc로 달라지는 것을 알 수 있다. 이와 같이 어떤 지점에서 대상을 바라보는 경우 그 조망시선(Line of sight, 시선)과 지형선 사이에 각기 다른 높이차(Level)가 존재하는 것을 알 수 있다.

이 조망시선 아래의 공간, 즉 비가시권에 어떤 구조물이나 시설이 도입되는 경우를 생각해 보자.

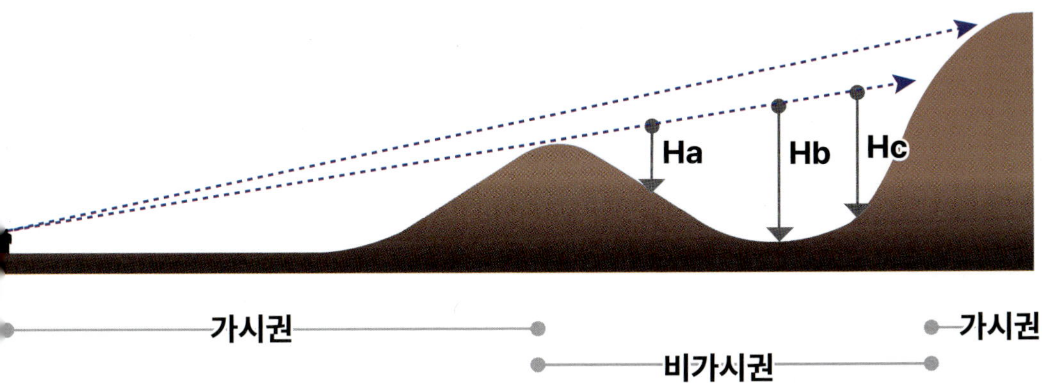

2-82 조망점과 지형과의 관계에 따른 가시 · 비가시권의 범위 및 한계높이

그곳에 도입되는 구조물의 높이가 대상지에 형성된 조망시선보다 낮은 경우에는 조망점에서 보이지 않지만, 반대로 그 한계높이보다 높게 만들어진다면 눈에 뜨이게 될 것이다. 아니 보이는 정도가 아니라 지금까지 없었던 시설물에 의해 시선이 차단되게 되므로 관심을 끌어 눈에 더 잘 뜨이는 효과까지도 생겨날 것이다.

그런 까닭에 비가시권의 조망시선 아래의 공간 범위는 경관계획 및 경관평가 등에서 개발의 허용한도를 측정하기 위한 지표로써 활용되는 경우가 많다.

예를 들어, 자연 및 인공경관 지역 모두에서 계획대상지 전면에 지형지물이나 수림대 등이 있는 경우라면 그것은 대상지를 조망하는 시선을 차단하는 효과를 발휘하게 된다.

따라서 그러한 상황이 예상되는 장소라면, 가시권과 비가시권의 범위 그리고 각 위치별 한계 높이 등을 미리 측정해 두는 것이 좋다.

사전에 그 수치를 파악해 둔다면 그곳에 건설 예정인 구조물이나 시설 등의 높이를 어느 정도로 해야 주요『시점』및『시점장』에서 대상이 보이지 않도록 할 수 있을까, 혹은 눈에 잘 뜨이도록 할 수 있을까를 예측하는 유용한 자료로 활용할 수 있을 것이다.

c. 가시영역을 활용한 조망점 선정 예시

이번에는 계획대상지에서 지형 지세를 고려한 조망점 선정 방법을 살펴보자. 그림 83은 임의로 선정한 지역으로, 대상지 A와 대상지 B는 서로 다른 지형 조건을 가지고 있는 사례지이다.

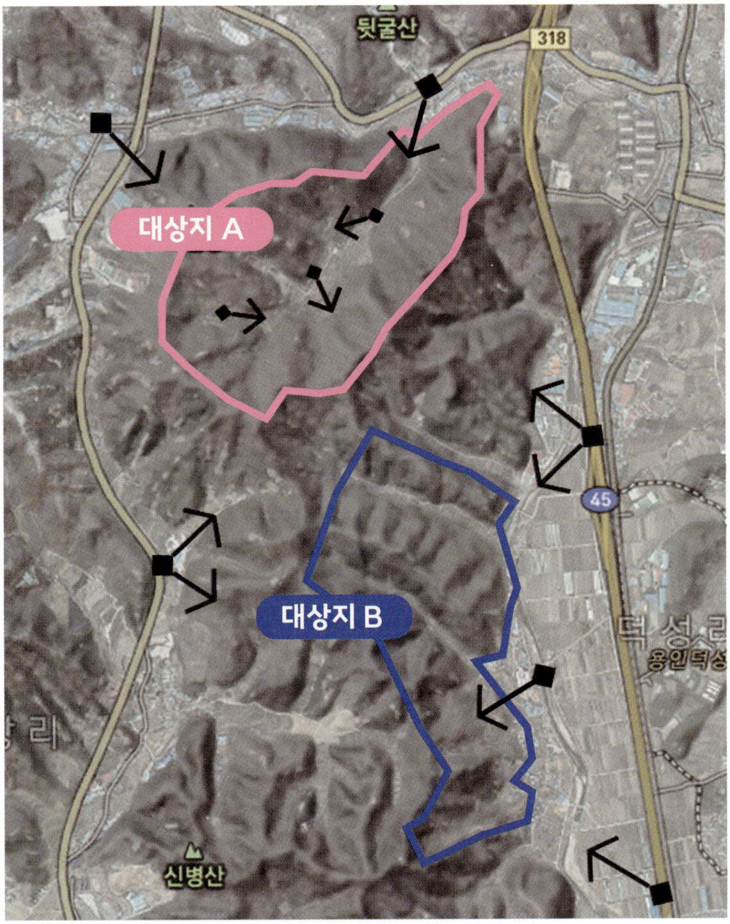

2-83 대상지의 지형지세를 고려한 조망점의 선정 예시

대상지 A는 분지 지형으로 위요공간을 형성하고 있으며, 대상지 B는 산 능성이 사면으로 도로 이동 시 가시되는 개방된 공간이 형성되어 있다.

이렇게 공간의 성격이 서로 다른 두 산지의 경우에는, 경관변화 및 영향을 살펴보기 위한 조망점 선정 방법에 다소간의 차이를 두어야 할 것이다.

우선 대상지 A의 지형지세를 보면 산으로 둘러싸인 분지로 주변 지역 및 인접국도 및 지방도로에서는 보이지 않는 장소라는 것을 알 수 있다.

따라서 외부에서 다수의 조망점을 근경, 중경, 원경으로 나누어 선정하고, 각 조망점에 대해서 조망분석을 하는 작업은 불필요하다. 다시 말하자면 주변에서 대상지가 보이지 않을 것이 자명한 사실인데, 굳이 외부에 조망점을 선정하고 분석하는 것은 의미가 없다(이는 산지전용 등에 따른 경관영향 검토 및 운영지침에 '대상 지역이 분지이거나 지형 등에 의해 둘러싸여 외부에서의 조망이 불가능한 상황에서는, 중원경의 조망점이 불필요한 경우도 있다'고 명기되어 있는 사항이기도 하다).

대상지 A

2-84 대상지 A의 공간구성 개념도

그러나 대상지가 비가시 되는 지역이라는 사실을 확인시키기 위한 근거자료가 필요한 경우라면 최소한의 조망점 선정과 검토만으로 충분하리라 생각된다. 그리고 이 경우에는 외부 조망은 이미 차단된 상태이므로 내부 조망을 살펴보는 작업이 더 중요하게 된다.

따라서 대상지 북측을 지나고 있는 도로에서 대상지로 들어가는 진입부 및 인접 마을에서의 가시 여부를 살펴볼 필요가 있으므로, 이곳에 조망점을 선정해야 할 것이다. 아울러 내부로 진입하는 도로에서 보면 대상지역이 산으로 둘러싸여 아늑하고 안정된 느낌의 위요공간이 형성되는 특징적인 장소이므로, 내부경관에 대해서는 세심한 분석과 검토가 필요한 지역이라 하겠다.

정리해보면 그림 83, 84의 대상지 A는 지형 특성상 외부에서는 조망되지 않는 비가시영역이므로, 대상지 주변에 다수의 외부 조망점을 선정하고 조망분석을 시행하는 것은 불필요하다. 그러나 대상지의 공간 특성상 내부경관에 대한 검토분석이 주도적으로 이루어져야 할 것으로 보인다.

2-85 대상지 B의 공간구성 개념도

그러므로 대상지 진입부를 시작으로 내부의 주요지점 및 경관 변화가 예상되는 다수의 지점에 내부 조망점을 선정하여 조망분석 및 상호관계를 주의 깊게 검토해야만 할 것이다.

그러면 이번에는 그림 83, 85의 대상지 B를 살펴보자.

지형지세를 보면 인접도로에서 대상지 B가 대부분 노출되는 장소이므로, 도로의 결절점, 인접마을, 사람들의 정체시간이 긴 공공공간(지방에서는 마을회관이나 버스정류장, 관공서 등) 등에 조망점을 선정하고 대상지역의 경관변화 및 영향을 살펴보아야 할 것이다.

또한, 인접도로 우측의 지역에서도 대상지가 잘 조망되리라 판단되므로, 중경, 원경의 확보 여부에 대해서도 검토분석이 필요하다.

대상지 B는 우리가 흔히 접하는 계획대상지의 유형으로, 법규에 규정되어 있는 조망분석의 방법, 즉 근경 · 중경 · 원경에 조망점을 선정하여 조망 분석 및 가시권 분석을 시행하는 방법을 충실하게 적용하는 것이 좋겠다.

다만 대상지와 같이 마을 배후에 산이 자리하고 있는 입지조건을 가진 경우, 새로운 개발계획이나 시설 도입을 추진함에 있어서는, 기존 마을의 배치 및 시설들과의 조화가 경관형성에 크게 작용하게 된다. 따라서 앞서 언급한 경관디자인의 고유 영역인 관계디자인 측면에서의 고려와 검토가 필수요건이 된다고 하겠다.

4.4 경관평가 및 저감 대책

1) 경관평가

사업대상지에 대한 경관평가는 영향을 받는 지역의 특성을 고려하고, 경관의 변화 여부 및 정도에 대해 평가하되 정성적 · 정량적 평가를 동시에 고려하여 검토하여야 한다.

경관유형별 평가 시 고려 사항은 다음과 같다.

표 2-1. 경관유형별 평가 시 고려 사항[3]

구분	해당 경관의 유형		평가 시 고려 사항
스카이라인	산지 및 구릉지의 스카이라인		주요 조망점에서 7부 능선 이상의 조망확보
	건축물 구조물의 스카이라인		주변 스카이라인과의조화
랜드마크	도시적 랜드마크(대표 상징경관)		훼손 및 조화 여부
경관 자원	산림녹지 경관	산지 및 구릉지	산지 및 구릉지 경관의 훼손 및 조화여부 산지 및 구릉지 지형 훼손여부
		점적 경관자원 (암벽, 폭포, 고목 등)	경관보전가치판단 및 훼손여부 파악 보전 및 저감대책
		녹지	경관보전가치판단 및 보전대책
	수(연안)경관	하천, 호소, 연안(해안 및 도서, 호수 및 습지, 사구 등)	경관보전가치판단 및 보전대책 주변 토지이용 및 개발밀도의 적절성
	생태 경관	철새도래지. 야생 동식물 서식처 등	경관보전가치판단 및 훼손여부 파악 보전 및 저감대책
	역사문화 경관	농경지. 농촌마을 등	경관보전가치판단 및 훼손아부 파악 보전 및 저감대책
		국가유산 및 지역유적, 근대건축물	경관보전가치판단 및 훼손여부 파악 보전 및 저감대책 국가유산 등 주변 경관의 보전 및 조화
	도시 경계, 가로경관 등	도시경계부, 가로경관 등	경관보전가치판단 및 훼손여부 파악 보전 및 저감대책

표 2-1. 계속

구분	해당 경관의 유형	평가 시 고려 사항
경관축	통경축, 생태경관축, 하천 및 연안 경관축, 가로경관 등	연속적 조망의 훼손여부 및 회복 여부
녹지경관	훼손된 녹지축 경관	복원/복구 여부 및 대책
	공원 및 녹지	위치 및 시설의 적절성
수경관 형성	하천 및 해안의 연속성	연속적 조망 확보
	하천의 둔치	위치 및 시설의 적절성
	해안도로(보행데크 등)	위치 및 시설의 적절성 주변 경관과의 조화
	습지 및 비오톱	위치 및 조성방법의 적절성 주변 경관과의 조화
인공경관 형성	건축물 송전탑 등 시설물	조망확보 및 스카이라인 조화(고도, 밀도 등) 차폐도 및 조망확보(배치, 위치 등)
	도로, 철도, 터널 등	주변 경관과의 조화성 주변 녹지축 연결성 절성토 사면처리의 적절성
	도시개발사업, 토지구획사업, 택지개발사업, 산업단지	주변 경관과의 조화성

그리고 경관평가를 위한 경관 훼손 여부에 대한 판단은,

① 보전 대상이 되는 경관에 대한 훼손 여부와,

② 도입되는 시설과 기존 경관과의 조화 여부가 검토의 중심이 된다.

a. 보전 대상이 되는 경관에 대한 훼손 여부

보전 대상이 되는 경관의 훼손은 원칙적으로 발생하지 않는 것이 가장 바람직한 방안이다. 그러나 부득이한 경우 경관에 미치는 영향을 최소화하기 위해서는 우선 주요한 보전 대상이나 경관적으로 가치가 있는 구성요소들이 시각적으로 차폐되지 않도록 하는 것이 중요하다.

경관 훼손 여부에 대한 판단은 최종 조망점에서 주요 경관자원으로의 향하는 조망경관이 확보되는가 아닌가가 주요한 기준으로 작용하게 된다.

또한, 계획지역의 경관특성에 따라 보전해야 할 대상 역시 달라지므로, 조망점에서 각 경관대상에 대한 조망여부 그리고 경관변화에 대한 예측과 판단이 필요하다.

경관영향 검토 시 고려해야 할 주요 검토 항목으로는 크게 스카이라인(건축물, 구조물 등으로 인한 산림 스카이라인 침해 여부), 녹지경관(산지 및 구릉지의 능선 및 주변부의 훼손 여부 및 조화성), 수경관(하천, 해안 및 도서, 호수 및 습지)과의 조화 등이다.

특히 스카이라인(Skyline)의 검토에 대해서는 주요 조망점에서 배후에 자리한 산악이나 녹지 등이 7부 능선 이상 조망되도록 관련 지침에는 규정되어 있다. 그러나 필요에 따라서는 보다 강력히 규제하는 방안, 예를 들면, 배후의 산이 절대 보전해야 할 주요 경관자원이라면 5부 능선 이상을 확보하는 등의 방안을 검토하는 것도 바람직할 것이다.

또한, 구조물 설치 등에 의한 경관변화와 시설 조성으로 인해 생겨나는 절토와 성토에 의한 경관 훼손에 대해서는 실제 상황 예측이 가능하도록 정확한 자료를 제시하는 것이 필요하며, 때로는 비교 대안 등을 마련하는 것도 사업진행의 효율성을 위해서는 유용한 작업이 될 것이다.

b. 도입되는 시설과 기존경관과의 조화 여부

대상지역에 도입되는 시설이 기존지역 및 주변 지역의 경관과 조화를 이루는가 그렇지 못한가는 새롭게 만들어지는 경관의 질을 결정하는 매우 중요한 요인으로 작용한다. 따라서 도입되는 구조물 및 시설은 기존경관의 유형 및 특성을 이해한 후에 시설의 위치나 형태, 규모, 질감, 색채 등의 측면에서 조화를 이룰 수 있도록 검토해야 한다.

기존경관과의 조화는 독립적인 검토 항목이라기보다는 ①의 보전대상에 대한 조망확보와 함께 검토하여 조화 여부를 판정하는 것이 좋다.

2) 저감 대책

a. 저감방안 수립 과정

첫 단계로 사업 시행에 의해 발생될 것으로 예측되는 경관 훼손을 저감할 수 있는 방안을 마련한다.

다음 단계로는 그 적정성 여부 및 효과를, 시뮬레이션을 통해 분석하는 과정을 거쳐야 한다. 그리고 제시된 저감방안에 대해 피드백을 거쳐 최종적으로 효율적인 저감방안을 수립하도록 한다.

저감방안 수립 과정은 다음과 같다.

① 저감방안에 대한 자료 및 프로그램 제시

사업에 의해 발생된 경관훼손을 저감할 수 있는 공법을 강구하고 구체적인 자료를 제시하도록 한다. 아울러 저감방안의 실행을 위한 실제적인 프로그램에 대해서도 검토해 두도록 한다.

② 저감방안 마련 및 시뮬레이션을 통한 저감효과 분석

검토 후 마련된 저감방안에 대해서는 저감효과의 확인이 가능하도록 시뮬레이션을 시행하는 것이 바람직하다. 이 단계에서는 제안된 저감방안의 효과를 분석하는 것이 주요한 작업이 되나, 그 외에 저감방안 시행에 따른 2차적인 환경영향에 대한 분석 역시 이루어져야 한다.

예를 들면, 식재를 이용한 차폐효과로 경관영향을 저감하고자 하는 수법을 채택한 경우에는 저감방안 시행 이후 수목의 성장에 따른 변화와 그에 따른 경관변화 등에 대한 저감 대책까지도 필요하다는 의미이다.

그러나 가장 바람직한 저감방안은 사업대상지의 입지 선정 등 계획 초기 단계에서 효과적인 저감방안을 검토하면서 계획대상지 및 대상범위를 조정하거나 경관 훼손이 최소화되는 계획안을 마련한다면 저감 대책 자체가 불필요하게 될 것이다.

그럼에도 불구하고 해당사업이 기존경관에 장기적으로 영향을 미치게 될 것이라 판단되는 경우라면 공사단계, 준공 후 단계, 복원 단계의 전 과정에 대해 단계적 저감방안을 마련해 두는 것이 바람직하다. 그리고 그 저감방안은 지역적 경관특성 및 사업의 특성을 고려하여 차별화하는 것도 필요하다.

아울러 효과적인 저감방안으로 주변 경관과 연계되는 시설물의 배치 및 녹지축 조성을 활용한 통경축의 확보 그리고 시설물 등에 의한 위압감, 이질감의 완화를 검토하는 것도 고려해 볼 만하다.

③ 저감방안에 대한 피드백 및 최종안 제시

제안된 저감방안에 대해서는 기존 경관자원의 훼손이 최소화될 수 있을 것인가 여부와 기존경관과 조화 여부에 대한 검토가 필요하다. 즉 경관훼손의 최소화, 기존 경관과의 조화성 등이 경관 훼손을 저감시키는 방안에 대한 기본적이자 핵심적인 평가 원칙이 된다.

그러나 제안된 저감방안을 통해서도 경관 부조화 현상이 극심할 것으로 예상되는 경우에는, 대상 사업의 재고 및 규모의 축소 및 조정이 계획 초기 단계에서 반드시 이루어져야 한다.

다만 단순한 부조화일 경우에는 규모의 축소와 조정 및 시설물 배치계획에 대한 조정 등을 통해 경관 훼손을 최소화하는 작업이 가능하므로 다양한 시도를 통해 실제적인 저감 대책을 마련하고 적용해 보는 시도가 중요하다.

b. 저감방안 수립 방법

저감방안은 예측평가 결과를 근거로 기존경관에 미치는 영향을 사전 예방하거나 회피 또는 최소화할 수 있도록 대상 사업의 종류, 규모, 해당 지역의 특성 등을 반영하되 아래 사항을 고려하여 저감방안을 수립하도록 한다.

- 사업지역 및 주변의 주요 경관자원이 훼손되지 않도록 한다.
- 주변의 주요 경관자원에 대한 조망이 차단되지 않도록 한다.
- 주변 산지 및 건축물군과의 자연스러운 스카이라인이 형성되도록 한다.
- 절성토 및 구조물로 인한 경관 부조화가 발생하지 않도록 한다.
- 경관 훼손 시설(환경기초시설, 산업단지, 화장시설 등)은 보이지 않도록 차폐녹지를 조성한다.

저감방안은 해당 사업의 시행에 따라 경관에 미치는 영향을 최소화할 수 있도록 충분한 대책을 수립하되 기술적 경제적으로 실현 가능한 범위 내에서 제안하도록 한다.

아울러 주요 조망점에서 인공적 시각량이 최소화될 수 있도록 하고, 인공적 시각량에 따라 대책을 차별화하여 수립한다.

그리고 저감방안 수립 후에는 경관에 미치는 영향 및 환경보전 목표와 부합 여부를 평가하고, 미흡할 시에는 추가적인 저감방안을 마련한다.

① 일반적인 저감방안 수립 시 고려 사항

- 사업추진 단계별로 저감방안을 검토
  - 입지 선정 및 계획 단계에서부터 저감방안을 검토한다.
  - 해당 사업이 자연경관에 장기적인 영향이 있다고 판단되는 경우에 저감방안은 개발사업과 관련된 부정적인 자연경관 영향을 고려하여 단계별로 저감방안을 작성하되, 공사단계, 준공단계, 복원단계의 전 과정을 고려한다.

- 식재에 의한 차폐를 통해서 경관영향을 저감하는 경우에는, 수목의 성장에 따른 변화를 고려하여 저감방안을 마련하였는지를 검토
- 지역적 경관 특성을 고려하여 검토
- 저감방안에 대한 효과를 분석 검토
  - 저감방안 효과분석 시 제시된 저감방안으로 인한 효과를 분석한다.
  - 저감방안에 따른 2차적 환경영향을 분석한다.

- 통경축 확보 및 이질감 완화를 검토
  - 주변 자연경관을 고려하여 통경축을 확보할 수 있는 시설물을 배치하거나 녹지축을 조성하는 방안에 대해 검토한다.
  - 시설물의 위압감, 이질감 완화를 위한 저감방안을 제시한다.

- 사업자와 저감방안 이행 주체가 다른 경우에는 사전에 양자가 협의한 결과와 그 증빙서류를 함께 제시

② 인공적 시각량에 따른 저감방안

- 주요 조망점(반경 50-100m내의 조망점)으로부터 대상사업 시설 및 구조물에 의한 인공적 시각량의 전제 화면구성비에 따라 저감대책을 구분
  - 인공적 시각량이 10% 미만인 경우에는 소극적 경관녹지를 조성한다.
  - 인공적 시각량이 10%~20% 미만인 경우에는 적극적 경관녹지를 조성한다.
  - 인공적 시각량이 20% 이상인 경우에는 적극적 경관녹지를 조성하고 별도로 차폐 및 완충녹지대 조성을 검토하도록 한다.
  - 인공적 시각량 5% 이하 조성을 목표로 하며, 인공 구조 및 시설물의 지면에서 약 20m 높이까지는 인공적 시각량 0%를 목표로 한다.

- 우선 영향 요인 주변에서의 경관녹지 조성으로 인공적 시각량을 최소화하도록 하고, 다음으로 조망점 인근지역에서의 경관녹지를 조성
  ※ 인공적 시각량 수치는 절대적 수치가 아니며 현장의 특성에 따라 조정 가능하다.
  ※ 경관녹지의 조성은 인공적 시각량을 최소화할 수 있는 장소와 구간에 도입하여야 하며, 동시에 동식물의 서식지와 군락의 질적 수준과 기타 변수를 감안하여 다양한 목적을 동시에 수용할 수 있도록 조성한다.
  ※ 산지에서의 경관녹지 조성 시에는 주변의 식물과 동일하거나 유사한 종을 선정하여야 하며 생태적 천이와 해당 지역 생태상을 고려한다.

c. 저감방안 수립 시 고려 사항

사업 시행으로 인해 경관변화가 예상되는 개발사업의 유형은, 점적 개발사업과 면적 개발사업 그리고 선적 개발사업으로 구분된다. 그리고 개발사업으로 인한 경관변화 저감을 위한 방안 검토는 사업의 기본계획 단계에서 시행하는 것이 바람직하다.

검토는 대상 사업의 규모, 형태, 색채 등에 관한 사항과 시설 배치 및 통경축 계획 여부 등을 고려하는 방식으로 진행한다. 아울러 절·성토의 과다 여부, 부속 구조물의 규모, 형태, 주변에서 바라보는 시각적 영향 등에 대해서도 검토하도록 한다.

구체적인 경관 영향에 대한 저감방안은 대상 사업별 특성과 지역 특성을 고려하여 수립하며 이하의 표를 기준으로 검토한다

대상 사업별 저감방안에 대해서는 사업의 입지선정 단계와 사업 시행 단계에 따라 검토 항목이 달라지므로, 유형별 및 추진 단계에 맞는 점검을 통해 유효한 저감방안 수립 및 제시가 이루어지도록 하여야 한다.

표 2-2. 개발사업 유형별 대상사업[3)]

유 형	대상사업
점적 개발사업	개별 건축물 대규모 공공구조물(유통 단지, 터미널, 발전소, 하수 종말처리장 등) 송전탑, 기지국, 전신주
면적 개발사업	토지구획 사업 / 택지개발 사업 / 산업단지 골프장 / 스키장 / 눈 썰매장 위락시설(체육시설, 수련시설 포함) 항만시설 / 어항 　 공항 토취장 / 채석장 　 댐(대체 도로는 도로와 동일)
선적 개발사업 (도로 등)	도로/ 철도 교량 하천 정비사업 / 골재 채취 삭도 시설(케이블카, 리프트 등)

표 2-3. 점적 개발사업 저감방안 수립시 주요 고려사항[3)]

대상사업	입지선정 단계	사업시행 단계
개별 건축물	자연지형과의 조화 여부 경관자원 차폐 여부 능선부 입지 여부	절대 높이(층수) 건물 폭(입면적) 형태(입면, 지붕 형태 등)
대규모 공공구조물 (유통단지, 터미널, 발전소 등)		건물 폭(입면적) 부속 구조물(굴뚝 등)의 높이 부속 구조물의 형태
송전탑, 기지국, 전신주		높이 지간 거리 형태

표 2-4. 선적 개발사업 저감방안 수립 시 주요 고려사항[3)]

대상사업		입지선정 단계	사업시행 단계
도로 / 철도		해안으로부터 이격 거리 절성토 규모 (노선과 관련) 주행 시 경관자원 조망 확보 주변 지역에서의 경관자원 차폐 여부 경관 축 연결 방안	교량 형식 교각 형태 부속 구조물 형태 성토부 녹화 계획
교량	하전 횡단	교각 지간(支間) 거리 오픈 스페이스 단절 정도	교량 형식, 형태, 높이 부속구조물 형태
	계곡 횡단	교각 지간 거리 계곡부 산림 훼손 여부	교량 형식 교각 형태 부속 구조물 형태
하천 정비사업 / 골재 채취		자연형 유지 여부	주요 구조물 형태 주요 구조물 색채 주요 구조물 재료
삭도 시설 (케이블카, 리프트 등)		능선부 입지 여부	높이 정거장 형태

표 2-5. 면적 개발사업 저감방안 수립 시 고려사항[3]

대상사업	입지선정 단계	사업시행 단계
토지 구획 사업 / 택지 개발 사업 / 산업단지	경관 자원 차폐 여부 자연 지형 보존 정도 연결된 녹지축 물 순환 체계 확보 수변경관 보존	절대 높이 / 스카이라인 차폐도(연속된 건축물) 조망축 단지 내 녹지축 형태(입면, 지붕 형태 등)
골프장	자연 지형 보존 정도	주요 구조물 높이, 형태 주변 경관과 코스 배치의 조화
스키장	자연 지형 보존 정도 시각적 노출 정도	리프트 입지 주요 구조물 형태
위락 시설 (체육시설, 수련시설 포함)	경관 자원 차폐 여부 자연 지형 보존 정도 등	주요 구조물 높이 주요 구조물 형태
항만 시설 / 어항	해안변 갯벌, 사구, 방풍림 등 자연 지형 또는 기존 식생의 보존 정도 등	주요 구조물 높이 주요 구조물 형태
공항	자연 지형 보존 정도 연결된 녹지축	주요 구조물 높이 주요 구조물 형태
토취장 / 채석장	시각적 노출 정도	규모 복원 계획
댐	경관 자원의 수몰 여부	댐 배면부 녹화 녹지축 연결 부속 시설물 형태

1) 설계(Design): 마음속에 이미 세워져 있거나 밑그림으로 나타낸 구상이나 계획 자체를 뜻하기도 한다 (출전: 브리태니커)

2) 篠原 修, 1981, 토목경관계획, 기문당 출판에서 인용 후 재작성

3) 환경영향평가서 등의 작성에 관한 안내서 중경관부문 참조. 2024.